Die Hauptergebnisse

zehnjähriger

forstlich - phänologischer Beobachtungen

in Deutschland.

1885—1894.

Bearbeitet und herausgegeben

im Auftrage

des Vereins Deutscher forstlicher Versuchsanstalten

von

Dr. Karl Wimmenauer,

o. Professor der Forstwissenschaft an der Universität Giessen.

Mit sechs Tabellen, drei Kurventafeln und einer Uebersichtskarte.

Springer-Verlag Berlin Heidelberg GmbH 1897

ISBN 978-3-662-32386-1   ISBN 978-3-662-33213-9 (eBook)
DOI 10.1007/978-3-662-33213-9

Inhalts-Verzeichnis.

Einleitung.

Auf Grund der Beschlüsse des Vereins Deutscher forstlicher Versuchsanstalten und der von demselben im Jahre 1884 erlassenen Instruktion (Anlage A. dieser Schrift) haben während der Jahre 1885 bis 1894 an zahlreichen Stationen forstlich-phänologische Beobachtungen stattgefunden, deren Ergebnisse alljährlich von der Grossherz. Hessischen forstlichen Versuchsanstalt gesammelt und herausgegeben worden sind.

An diesen Beobachtungen waren beteiligt

Baden	mit	21	bis	23	Stationen,
Braunschweig .	»	10	»	16	»
Elsass-Lothringen	»	18	»	20	»
Hessen . . .	»	32	»	45	»
Preussen . . .	»	100	»	105	»
Thüringen . .	»	14	»	32	»
Württemberg .	»	3	»	35	»

Die Gesamtzahl der Beobachtungsorte erreichte in den Jahren 1887 und 1888 ihr Maximum mit 260 und ging von da ab allmählich bis auf 218 im Jahre 1894 zurück; die Durchschnittszahl betrug 243.

Von den Deutschen forstlichen Versuchsanstalten hatten nur die bayrische und die sächsische ihre Beteiligung abgelehnt. Hierdurch mussten in der Gesamt-Übersicht empfindliche Lücken entstehen. Da jedoch in Bayern bereits früher (1869 bis 1880) phänologische Beobachtungen angestellt und durch Herrn Professor Dr. Ebermeyer gesammelt worden waren und da für Sachsen das meteorologische Institut zu Chemnitz später (seit 1886) ebenfalls solche eingerichtet hatte, so ist es, wie unten näher ausgeführt werden wird, doch gelungen, jene Lücken wenigstens teilweise auszufüllen.

Nachdem nunmehr die vom V. D. f. V. zunächst in Aussicht genommene Reihe von 10 Beobachtungsjahren abgelaufen ist, fiel der

forstlichen Versuchsanstalt für das Grossherzogtum Hessen, bezw. dem
Verfasser dieser Schrift, die Aufgabe einer Zusammenfassung der Haupt-
ergebnisse zu, auf Grund deren auch die Frage einer etwaigen weiteren
Fortsetzung der Beobachtungen und Veröffentlichungen zu beantworten
sein würde.

Schon im 1892er Jahresbericht hatte der Herausgeber den vor-
läufigen Versuch einer ähnlichen Zusammenfassung gemacht. In allen
vorausgegangenen Berichten (1885 bis 1891) nämlich war für jede
Station berechnet und angegeben worden, um wie viel Tage sie in den
Frühjahrs-, Sommer- und Herbsterscheinungen gegen Giessen — als
den auch anderwärts[1]) anerkannten Centralpunkt phänologischer Beobachtungen — vorausgeeilt oder zurückgeblieben war. Zur Vergleichung
waren jedesmal benutzt worden:

1. für das Frühjahr die erste Blüte von Ribes rubrum, Betula
   alba, Prunus avium, spinosa und padus, Pyrus communis und
   malus;
2. für den Sommer der Beginn der Roggenernte;
3. für den Herbst die Laubverfärbung von Betula alba, Fagus
   silvatica und Larix Europaea.

Durch das Ableben Hermann Hoffmanns, mit dem die Wissenschaft der Phänologie ohne Zweifel ihren eifrigsten und verdienst-
vollsten Förderer verloren hat, waren jene Vergleichungen im Jahre
1892 unterbrochen worden. Der Gedanke lag nahe, diese Lücke
durch Einführung siebenjähriger Durchschnittszahlen auszufüllen,
welche demgemäss für jede Station des 1892er Jahresberichtes berechnet und angegeben wurden. Weiterhin fasste man die einzelnen
Beobachtungsgebiete in drei geographische Hauptgruppen — Süd-
west-, Nordwest- und Nordost-Deutschland — zusammen, innerhalb
deren Höhenzonen von je 100 Meter Erhebung über die Meeresfläche
unterschieden wurden. So ergaben sich schliesslich einige wenige
Zahlenreihen, welche den Einfluss der geographischen Lage und der
Meereshöhe auf die Vegetationszeit erkennen und bei graphischer Darstellung mit einem Blicke übersehen liessen. Das interessanteste Er-
gebnis dieser Untersuchung war, dass nicht die unterste, sondern die
zweite Höhenzone (von 100 bis 200 m über dem Meere) den frühesten
Eintritt der Vegetationserscheinungen, insbesondere im Frühjahr, also
die günstigsten Bedingungen für das Pflanzenleben aufweist. Wir werden
sehen, dass dieses Verhalten, dessen Erklärung ja nahe genug liegt,

---

[1]) Ludwig, Lehrbuch der Biologie de Pflanzen, 1895, S. 156.

auch durch die hier vorliegenden weitergehenden Zusammenstellungen bestätigt wird.

Gegen die Art und die Ausführung jener Vergleichsangaben im 1892er Jahresbericht lässt sich zunächst allgemein einwenden, dass sie auf eine zu geringe Anzahl von Einzelbeobachtungen aufgebaut ist und dass die ausgeschiedenen drei geographischen Gebiete in sich zu wenig gleichartig sind; ferner aber insbesondere vom forstlichen Standpunkte, dass die gewählten Erscheinungen grossenteils ausser Beziehung zum Walde stehen.

Bei der hier vorliegenden Bearbeitung hat der Verfasser sich demgemäss die Aufgabe gestellt, speziell forstlich wichtige und interessante Ergebnisse zu erzielen; dabei von möglichst zahlreichen, leicht und sicher zu beobachtenden Erscheinungen auszugehen; zunächst die einzelnen Stationen, dann kleine Gebiete von annähernd gleichartiger Beschaffenheit und erst zum Schlusse wieder grössere Regionen einander gegenüberzustellen.

Sind hiernach Richtung und Art der anzustellenden Untersuchungen vorgezeichnet, so waren zum Zwecke der Ausführung folgende Fragen aufzuwerfen.

1. Welche Beobachtungen sollen für die Zusammenstellung ausgewählt, wie soll die letztere eingerichtet und wie sollen schliesslich die einzelnen Stationen gruppenweise zusammengefasst und Durchschnittszahlen berechnet werden?
2. Wie lassen sich die Ergebnisse am besten graphisch zur Darstellung bringen?
3. Welche Schlussfolgerungen sind daraus zu ziehen?

Die nachfolgenden Erörterungen schliessen sich an diese drei Fragen an. In denselben wird fortwährend auf die mit B. bis G. bezeichneten Anlagen, welche das verarbeitete Material enthalten, Bezug genommen. Bei der Anfertigung der Tabellen C., E. und F., bezw. deren Unterlagen, waren dem Verfasser die Herren stud. Ludwig Dörmer, Forstaccessist Karl Nies und Forstassessor Eduard Groos behilflich; für Berichtigung und Vervollständigung der Tabelle B. ist den auswärtigen forstlichen Versuchsanstalten Dank zu sagen. Dass bei der Bewältigung des ungeheuren Zahlenmaterials mit Sorgfalt verfahren, zweifelhafte Angaben ausgeschieden, die Durchschnittsberechnungen geprüft und kontrolliert wurden, bedarf wohl kaum der Erwähnung.

I. Auswahl der Beobachtungen für die Zusammenstellung, Einrichtung der letzteren, Gruppierung der Stationen und Durchschnittsberechnung.

Die sämtlichen Jahresberichte bringen das angesammelte Material in folgenden vier Abschnitten:

1. Pflanzen-Beobachtungen,
2. Beobachtungen an Vögeln und Insekten,
3. Bericht über den Ausfall der Holzsamenernte,
4. Bemerkungen über das Vorkommen der wichtigsten forstschäd-lichen Insekten.

An diese Einteilung wird sich auch die hier zu gebende Hauptübersicht anzuschliessen haben.

I. Pflanzen-Beobachtungen.

Diesen fällt wie in den einzelnen Jahresberichten so auch hier, zumal es sich ja um Ergebnisse von forstlicher Bedeutung handelt, der Löwenanteil zu.

Dass in die Zusammenstellung nicht alle 73 Einzeldaten aufgenommen werden konnten, verstand sich von selbst. Es wurden demnach ausgeschieden

1. alle Beobachtungen an Feld- und Gartenpflanzen, Obstbäumen und Beersträuchern, zumal hier durch die Eingriffe der Kultur, Züchtung von Varietäten u. dgl. mannigfache Schwankungen veranlasst werden können, welche die Vergleichbarkeit der Resultate stören;
2. die Beobachtungen an forstlich minder wichtigen, wenn auch im Walde vorkommenden, Holzgewächsen wie z. B. Traubenkirsche, Liguster u. s. w.;

3. Erscheinungen an Waldbäumen, die nicht alljährlich oder doch häufig, sondern nur in einzelnen Jahren bezw. an einzelnen Exemplaren auftreten und zugleich schwer zu beobachten sind, wie Buchen- und Eichenblüte, oder solche, deren Eintrittszeit in sehr weiten Grenzen schwankt, wie die Blüte des Haselstrauchs.

Demnach blieben, als für die Zusammenstellung besonders geeignet, folgende 19 Daten übrig, bei deren Auswahl zugleich darauf Rücksicht genommen wurde, dass alle Jahreszeiten vertreten seien:

1. die Blüte solcher Waldbäume, deren Aufblühen augenfällig ist und häufig eintritt, nämlich Schwarzerle, Spitz- und Bergahorn, Vogelkirsche, Kiefer, Sommer- und Winterlinde; beide letzteren als charakteristisch für den Sommer; zusammen = 7;
2. der Blattausbruch der 9 wichtigsten Holzarten: Lärche, Fichte, Tanne, Kiefer, Birke, Hainbuche, Buche, Stiel- und Traubeneiche;
3. die Fruchtreife beider Eichenarten als Daten für den Frühherbst;
4. die allgemeine Laubverfärbung der Waldbäume als Kennzeichen für den Spätherbst, bezw. für das Erlöschen der Vegetation im Walde.

Es wurde nun zunächst ein Formular entworfen, auf welchem diese 19 Daten und zwar für jede einzelne Station auf besonderem Blatte zum Eintrag kamen. Die 18 erstgenannten (Nr. 1, 2 und 3) liessen sich aus den 10 einzelnen Jahresberichten direkt übertragen; nur für die unter Nr. 4 aufgeführte »allgemeine Laubverfärbung« resp. den »Spätherbst« war bei jeder Station und jedem Jahre die Durchschnittszahl aus den im Verzeichnis enthaltenen 8 Holzarten (Sorbus aucuparia, Aesculus hippocastanum, Betula alba und pubescens, Fagus silvatica, Quercus pedunculata und sessiliflora, Larix europaea) zu berechnen und zu verzeichnen.

Das benutzte Formular stimmt mit demjenigen der Anlage C überein, nur mit dem Unterschiede, dass an Stelle der Spalten »Station« und »Meereshöhe« die Jahre 1885 bis 1894 nach einander verzeichnet waren. Der Namen des Beobachtungsortes, dessen geographische und Höhenlage wurde als Überschrift über den Kopf der Tabelle gesetzt.

Für jede der eingetragenen 19 Erscheinungen liessen sich nun aus den über einander stehenden Einzeldaten die Mittelzahlen berechnen, welche sich in der Hauptübersicht (Anlage C) verzeichnet finden. Da aber nicht an allen Stationen in jedem Jahre Beobachtungen wirklich angestellt und aufgezeichnet worden waren, so wurden, um brauchbare und vergleichungsfähige Resultate zu erhalten, nur diejenigen Stationen in die Hauptübersicht aufgenommen, von welchen mindestens 6 Jahresverzeichnisse vorlagen; und es wurden ferner Mittelzahlen für die einzelnen Erscheinungen nur dann berechnet und eingetragen, wenn mindestens 5 Einzeldaten angegeben waren. Wenn demgemäss in der Hauptübersicht zahlreiche Lücken enthalten sind, so haben dafür andererseits die eingetragenen Zahlen den Vorzug grösserer Zuverlässigkeit.

Nach erfolgter Ausscheidung der unbrauchbaren Stationen blieben noch 242 übrig, welche sich auf die einzelnen Länder wie folgt verteilen:

Baden	22	Stationen,
Braunschweig	13	»
Elsass-Lothringen	18	»
Hessen	37	»
Preussen	103	»
Thüringen	24	»
Württemberg	25	»
Summa	242	Stationen.

Es entstand nun zunächst die Frage, in welcher Anordnung und Gruppierung diese Beobachtungsorte aufzuführen seien. Dass die alphabetische Reihenfolge, wie sie in den einzelnen Jahresberichten behufs Erleichterung des Aufschlagens eingehalten ist, für die Zusammenstellung nicht brauchbar sei, lag auf der Hand. Man hätte an eine Abgrenzung nach natürlichen, etwa Flussgebieten, denken können; diese sind aber den meisten nicht so im Gedächtnisse gegenwärtig als die politischen Gebiete und haben ausserdem den Nachteil, dass bei ihrer konsequenten Einhaltung die Gebirge, welche Wasserscheiden der Hauptströme bilden, auseinandergerissen worden wären; während doch z. B. alle Stationen des Schwarzwaldes, Vogelsberges, Thüringer Waldes u. s. w. naturgemäss zusammengehören.

Man entschloss sich demnach, die Preussischen Stationen nach den 12 Provinzen zu ordnen; ferner auch im Grossherzogtum Hessen, das die zweitgrösste Anzahl von Beobachtungsorten aufweist und bekanntlich in zwei geographisch getrennte und klimatisch ganz verschiedene Hälften zerfällt, die Provinzen Starkenburg und Rheinhessen einer-, Oberhessen andererseits auszuscheiden; die übrigen Länder dagegen vorerst als je ein Ganzes zu behandeln. So entstanden 19 Ortsgruppen, welche in den Anlagen B und C von SW nach NO — d. h.

von den phänologisch am meisten bis zu den am wenigsten begün-
stigten Lagen — wie folgt geordnet sind:

1. Elsass-Lothringen,
2. Baden,
3. Württemberg,
4. Prov. Starkenberg mit Rheinhessen,
5. Preussische Rheinprovinz,
6. Prov. Westfalen,
7. » Oberhessen,
8. » Hessen-Nassau,
9. Thüringen,
10. Prov. Sachsen,
11. Braunschweig,
12. Prov. Hannover,
13. » Schlewig-Holstein,
14. » Pommern,
15. » Brandenburg,
16. » Schlesien,
17. » Posen,
18. » Westpreussen,
19. » Ostpreussen.

Innerhalb einer jeden dieser Ortsgruppen sind die einzelnen Stationen
einfach nach der mittleren Erhebung über die Meeresfläche eingereiht.

A n l a g e B enthält in dieser Anordnung ein Verzeichnis der
242 Beobachtungsorte mit näheren Angaben über deren geographische
Lage. Zu diesem Zwecke sind ausser der durchlaufenden Ordnungs-
Nummer und dem Stationsnamen noch aufgeführt:

1. Der Name des Forstverwaltungsbezirks (der Oberförsterei etc.).
2. Die übliche Bezeichnung der Landschaft nach Flussthälern,
   Gebirgen u. dgl. Nur wo solche Namen, wie hin und wieder
   in der Norddeutschen Ebene, nicht aufzufinden waren, wurde
   an deren Stelle der engere politische Bezirk (Kreis) angegeben.
3. Das vorwiegende geologische System, selbstverständlich ohne
   Spezialisierung.
4. Die mittlere Meereshöhe des Beobachtungsbezirkes.

Am Schluss der Tabelle sind mit besonderer Nummerfolge 22 bayrische und 23 sächsische Stationen, aus welchen dem Verfasser pflanzen-
phänologische Aufzeichnungen von den in der Einleitung angegebenen
Stellen gütigst mitgeteilt worden waren, als Nachtrag aufgeführt.

In der Spalte »Forstverwaltungsbezirk« findet sich hier für Bayern der Name des »Forstamts«, für Sachsen derjenige des »Forstbezirks« (Inspektionsbezirks) angegeben.

Die sächsischen Stationen sind einfach nach der Höhenlage geordnet; in Bayern dagegen noch vier geographische Gebiete ausgeschieden, nämlich

    1. Oberbayern und Schwaben,
    2. Niederbayern und Oberpfalz,
    3. Ober-, Mittel- und Unterfranken,
    4. Rheinpfalz.

Genau die gleiche Reihenfolge der Stationen ist in Anlage C — Hauptübersicht der Pflanzenbeobachtungen etc. — eingehalten. Wie hierin die Einträge unter den Überschriften »Erste Blüte«, »Blattoberfläche sichtbar«, »Erste Frucht« und »Spätherbst« als Mittelzahlen aus mindestens je fünf einzelnen Jahresangaben zu Stande gekommen sind, ist bereits angegeben. Es erübrigt also noch eine nähere Erklärung über Herkunft und Bedeutung der Spalten »Erstfrühling«, »Vollfrühling« und »Vegetationsdauer«. Zu diesem Zwecke ist es nötig, etwas weiter auszuholen.

Will man die einzelnen Orte phänologisch charakterisieren und mit einander vergleichen, so könnte hierzu eine einzige Beobachtung für jede Jahreszeit, jahrelang fortgesetzt, unter Umständen ausreichen. Wäre z. B. der Blattausbruch der Rotbuche überall ganz gleichmässig beobachtet worden, so würde das für jede Station berechnete Mitteldatum dieser Erscheinung, als Anfang der Hauptvegetationszeit im Walde, vom forstlichen Standpunkt aus die Gesamtwirkung der klimatischen Faktoren des Frühjahrs vielleicht besser als irgend etwas anderes kennzeichnen. Aber bekanntlich findet sich die Buche nicht überall in genügender Menge, und selbst wo dies der Fall ist, wurde ihr Blattausbruch nicht in jedem Jahre beobachtet und verzeichnet. Dazu kommt noch, dass Jung- und Althölzer, Hoch- und Niederwald etc. sich nicht ganz gleichmässig zu verhalten pflegen. Um also sicher zu gehen und Zufälligkeiten auszuschliessen, zieht man es vor, eine Reihe von Erscheinungen, die stets annähernd gleichzeitig, d. h. innerhalb eines Zeitraums von etwa zwei bis drei Wochen, eintreten, zusammenzufassen und deren Mitteldatum als Anhalt zu benutzen. Man hat zu diesem Zwecke sog. »phänologische Jahreszeiten« unterschieden, die von verschiedenen Forschern allerdings mitunter verschieden definiert worden sind. Der Verfasser hat sich diejenige Art der Bezeichnung angeeignet, welche von Dr. Ihne im X. Bande der Naturwissenschaftlichen

Wochenschrift, 1895, S. 37 ff. vergeschlagen worden ist und die für den vorliegenden Zweck besonders geeignet schien, weil sie sich ebenfalls vorwiegend auf Beobachtungen an Holzpflanzen stützt. A. a. O. werden folgende Phasen der Vegetationszeit unterschieden:

1. Der Vorfrühling ist die Zeit des Erwachens der Vegetation; sie ist dadurch bezeichnet, dass nur solche Holzpflanzen aufblühen, deren Blüten sich vor den Blättern entfalten und bei denen zwischen Aufblühen und Belaubung eine Pause liegt.

2. Der Erstfrühling ist dadurch gekennzeichnet, dass in ihm solche Holzpflanzen zur Blüte gelangen, bei denen sich Blüten und Blätter gleichzeitig oder fast gleichzeitig entwickeln; zwischen Aufblühen und Belaubung ist keine Pause; die Belaubung der Bäume beginnt.

3. Der Vollfrühling beginnt mit dem Aufblühen solcher Holzpflanzen, deren Blüten sich deutlich nach den ersten Blättern entwickeln, wie das von jetzt an die Regel ist, und endet vor dem Aufblühen des Getreides. Der Laubwald wird vollständig grün.

4. Der Frühsommer beginnt mit dem Aufblühen des Getreides und endet vor der Reife des frühen Beerenobstes.

5. Der Hochsommer ist die Zeit, in der die Früchte des Beerenobstes (ausser Wein) und des Getreides reifen, das letztere geerntet wird.

6. Im Frühherbst kommt die Ausbildung der Früchte, soweit dies nicht schon vorher geschehen ist, zum Abschluss.

7. Der eigentliche Herbst (hier zur deutlicheren Unterscheidung Spätherbst genannt) ist die Zeit der sich vorbereitenden Ruhepause in der Vegetation. Sie kann als beendet angesehen werden durch den Eintritt der allgemeinen Laubverfärbung, der letzten noch einigermassen brauchbaren phänologischen Äusserung des physiologisch-biologischen Verhaltens der Holzpflanzen.

Wenden wir diese Definitionen auf unsere »Hauptübersicht« der forstlich-phänologischen Pflanzenbeobachtungen an, so lässt sich folgendes konstatieren. In die Zeit des Vorfrühlings fällt nur die Blüte der Schwarzerle; es findet also hierfür eine besondere Durchschnittsberechnung nicht statt. Die in vielfacher Hinsicht, insbesondere auch forstlich interessanteste Jahreszeit ist ohne Zweifel der Erstfrühling; ihm gehören von den verzeichneten Einzelerscheinungen nicht weniger als 8 an, nämlich die Blüte des Spitzahorns und Kirschbaums, der Blattausbruch der Lärche, Birke, Hainbuche, Buche und beider Eichenarten. Berechnet man aus den hierfür in der Hauptübersicht angegebenen 8 Daten, welche selbst schon mehrjährige Mittelzahlen sind, wiederum den Durchschnitt, so ergiebt sich für jede Station ein charakteristischer Tag, welcher den mittleren Anfang der Hauptvegetationszeit im Walde deutlich bezeichnet. Derselbe findet sich in der Spalte »Erstfrühling« für jede Station und dann wieder im Durchschnitt für die einzelnen Höhenzonen berechnet. In gleicher Weise ist der »Vollfrühling« jeweilig als Mitteldatum aus dem Aufblühen des Bergahorns und der Kiefer, sowie dem Blattausbruch der Fichte, Tanne und Kiefer berechnet und eingetragen. Früh- und Hochsommer, sowie Frühherbst haben als phänologische Jahreszeiten für den Wald geringere Bedeutung, und da das Verzeichnis auch nur wenig einschlägige Beobachtungen enthält, so wurde von einer Durchschnittsberechnung abgesehen. Dagegen giebt die Tabelle, wie schon erwähnt, den »Spätherbst« als durchschnittliche Zeit der allgemeinen Laubverfärbung von 8 Holzarten an. Und wenn man endlich die Zahl der Tage berechnet, welche vom »Erstfrühling« bis zum »Spätherbst« verfliessen, so ergiebt sich damit die für jeden Beobachtungsort charakteristische Dauer der vollen Vegetationsthätigkeit im Walde, die in der Hauptübersicht kurzweg als »Vegetationsdauer« verzeichnet ist.

Es könnte vielleicht Bedenken erregen, dass hier die von Ihne eingeführten Namen der phänologischen Jahreszeiten beibehalten, gleichwohl aber der Durchschnittsberechnung teilweise andere Beobachtungen, als bei jenem Schriftsteller, zu Grunde gelegt sind, auch der Berechnungsmodus nicht genau der gleiche ist. Um solche Bedenken zu zerstreuen, sei hier bemerkt, dass, wie Ihne selbst im Briefwechsel mit dem Verfasser dieser Schrift festgestellt hat, trotz jener Abweichungen doch die Endergebnisse der beiderseitigen Durchschnittsberechnungen für »Erst-« und »Vollfrühling« ganz oder nahezu übereinstimmen. Was die »Vegetationsdauer« anbetrifft, so hält Ihne deren Berechnung vom Anfang des Erstfrühlings bis zum Ende des Herbstes — nicht von Mitte zu Mitte beider Jahreszeiten — für das richtigere; man würde dann im Durchschnitt etwa 12 Tage, also »nicht ganz zwei Wochen«, mehr erhalten. Dies kann im Prinzip unbedenklich zugegeben werden; aber die grössere Einfachheit und Sicherheit der Berechnung schien dem Verfasser doch für seine Berechnungsart zu sprechen, und wird deshalb auf den hier bestehenden Unterschied ausdrücklich aufmerksam gemacht.

In Anlage C sind endlich für die dort ausgeschiedenen Höhenschichten von je 200 m in allen Spalten, sofern diese mehr als eine
Stationsziffer enthalten, nochmals Hauptdurchschnitte berechnet und
durch fetten Druck besonders hervorgehoben. Deren Vergleichung giebt
ein anschauliches Bild von dem gegenseitigen Verhalten der einzelnen
Erscheinungen innerhalb der verschiedenen, in sich gleichartigen Beobachtungsgebiete und ferner, wenn man die Mitteldaten der »phänologischen Jahreszeiten« ins Auge fasst, von dem Rückgange der Vegetation
mit steigender Meereshöhe sowie, bei gleicher Höhenlage, mit dem Fort-
schreiten in der Richtung von Süden nach Norden und von Westen
nach Osten.

Um aber diese Endergebnisse der gesamten Beobachtungen auf
einen noch engeren Raum zusammenzudrängen, wurde ein grosser Teil
der Stationen in Anlage D nochmals wie folgt zusammengefasst:

1. Die Tief- und Mittellagen getrennt nach den Gebieten der
   Hauptströme: Donau, Rhein, Weser mit Ems, Elbe, Oder,
   Weichsel mit Pegel und Memel; innerhalb dieser Gebiete aber
   nach Höhenschichten von je 100 m aufsteigend bis zu 400,
   bezw. im Donaugebiet, wo Tieflagen unter 300 m überhaupt
   nicht vorkommen, bis zu 750 m.
2. Einzelne Gebirge bezw. Gebirgsgruppen, die sich aus verschiedenen politischen Bezirken zusammensetzen, mit Ausscheidung von Höhenschichten zu je 200 m; so zwar
   a) der Schwarzwald mit badischen und württembergischen
      Stationen als Hauptgebirge Südwestdeutschlands;
   b) der Thüringer- und Frankenwald nebst Fichtel-
      gebirge und Voigtland, die alte Hercynia silva im Herzen
      Deutschlands, zusammengesetzt aus Teilen von Bayern,
      Thüringen, Provinz und Königreich Sachsen; endlich
   c) der Harz mit Beobachtungsorten aus Braunschweig und
      den preussischen Provinzen Sachsen und Hannover als an-
      sehnlichstes norddeutsches Gebirge.

In dieser Zusammenstellung (Anlage D) sind der besseren Übersicht
halber bei jeder Station nur die drei Mitteldaten für »Erstfrühling«,
»Vollfrühling« und »Vegetationsdauer« eingetragen und am Schlusse
jedesmal wieder Durchschnittszahlen berechnet.

Es sei noch bemerkt, dass die im Nachtrag der Anlage C enthaltenen Angaben aus Bayern und Sachsen mit den übrigen nicht
als gleichwertig betrachtet werden dürfen, weil ihnen teilweise abweichende Instruktionsbestimmungen, mitunter auch weniger als je fünf

einzelne Jahresdaten zu Grunde liegen. Jene wurden deshalb auch in
Anlage D nur soweit unbedingt nötig mitbenutzt; in der Zusammenstellung des mitteldeutschen Gebirgslandes liess man z. B. das Erzgebirge
und die Sächsische Schweiz, die geographisch wohl dazu hätten gerechnet werden können, weg.

Während die seither besprochenen Zusammenstellungen (Anlage C
und D) hauptsächlich dazu bestimmt sind, die verschiedenen Beobachtungsgebiete mittelst der berechneten mehrjährigen Durchschnittszahlen phänologisch zu charakterisieren, schien es andererseits
auch nicht ohne Interesse, das phänologische Verhalten der einzelnen
Jahre des Beobachtungszeitraums kennen zu lernen und übersichtlich
darzustellen. Hierzu ist Anlage E bestimmt. Selbstverständlich konnten
zu gedachtem Zwecke nicht alle Stationen, sondern nur diejenigen benutzt werden, an welchen die Beobachtungen wirklich in jedem Jahre
stattgefunden, oder doch nur wenig Unterbrechungen erlitten hatten.
Da es hier überhaupt weniger auf die Zahl der Orte, als auf die Zuverlässigkeit der verzeichneten Daten ankam, so begnügte man sich
damit, 20 Stationen auszuwählen, von welchen regelmässig geführte Einträge vorlagen und die nach Massgabe ihres mittleren »Erstfrühlings«
ungefähr den Durchschnittscharakter ihrer Landschaft und Höhenlage,
auch in Bezug auf die letztere keine allzugrossen Verschiedenheiten auf-
wiesen. Ein jedes der ausgeschiedenen 19 Beobachtungsgebiete ist durch
eine dieser Stationen vertreten; nur die Provinz Hessen-Nassau durch
zwei; die Höhen schwanken zwischen 40 und 280 Meter, stehen also
sämtlich dem phänologischen Optimum nahe.

Für eine jede dieser 20 Stationen wurden nun, getrennt nach den
einzelnen Jahren 1885—1894, die drei Daten für »Erstfrühling«, »Vollfrühling« und »Vegetationsdauer« wie oben berechnet und in Anlage E
zusammengestellt. Am Schlusse der betreffenden Tabellen finden sich
dann wieder Durchschnittszahlen für die Flussgebiete (Rhein, Weser,
Elbe, Oder, Weichsel) und für die Gesamtheit.

2. Beobachtungen an Vögeln und Insekten.

Die Beobachtungen über Vogelzug und -Gesang erfordern zur
Bearbeitung (nach Ansicht des Verfassers) einen Ornithologen vom Fache,
und da eine solche von geschätzter Seite — Dr. Ludwig Rahn in
Darmstadt, vgl. dessen vorläufige Mitteilung in Nr. 171 der »Norddeutschen
Allgemeinen Zeitung« von 1896 — beabsichtigt wird, so wurde hier, zu-
gleich im Interesse der Raumersparnis, auf deren Einbeziehung verzichtet.

Ähnliches gilt von den Insekten-Beobachtungen, deren Aufzeichnung überdies eine sehr lückenhafte und vielfach ungenaue ist. Man beschränkte sich deshalb auf einen Auszug aus den mehr praktisches Interesse bietenden Angaben des letzten Abschnittes der phänologischen Jahresberichte, »Bemerkungen über das Vorkommen der wichtigsten forstschädlichen Insekten«. Vgl. Nr. 4 dieses Abschnittes und Anlage F.

3. Berichte über den Ausfall der Holzsamenernte.

Diese Berichte enthalten zunächst eine kurze Darstellung der Witterungsverhältnisse in den einzelnen Jahren, soweit solche auf die Ausbildung der Holzsamen von Einfluss waren, und dann tabellarische Zusammenstellungen, aus welchen ersichtlich ist, an wieviel Beobachtungsorten die Samenernte von 12 bis 16 Haupt-Holzarten »gut«, »mittelmässig«, »gering« oder = »Null« ausgefallen ist. Diese Stationszahlen sind sowohl absolut als relativ, d. h. in Prozenten der Gesamtzahl derjenigen Orte angegeben, von welchen überhaupt Mitteilungen vorlagen.

Zur Zusammenstellung in diesem Hauptberichte schienen sich die letztgenannten (relativen) Zahlen am besten zu eignen. Dieselben finden sich in Anlage F summarisch, d. h. ohne Ausscheidung einzelner Beobachtungsgebiete verzeichnet. Die Einträge der letzten Spalte »Verhältniszahl« wurden alsdann noch wie folgt berechnet.

Setzt man eine »gute« Ernte $= 1$, eine »mittlere« $= \frac{2}{3}$, eine »geringe« $= \frac{1}{3}$ und sind z. B. bei der Fichte im Jahre 1885 an 12 % der Beobachtungsorte gute, an 32 % derselben mittlere, an 47 % geringe und an 9 % gar keine Ernten verzeichnet worden, so ergiebt sich aus dem Ansatz

$$0{,}12 \times 1 = 0{,}12$$
$$0{,}32 \times \tfrac{2}{3} = 0{,}213$$
$$0{,}47 \times \tfrac{1}{3} = \underline{0{,}157}$$
$$\text{Sa.} = 0{,}490$$

in der »Verhältniszahl« 0,49 ein zur Vergleichung geeigneter Gesamtausdruck für die Fichtensamenernte des Jahres 1885, welcher besagt, dass dieselbe im grossen Durchschnitt nur knapp die Hälfte einer vollen Ernte war. Ferner lassen die für jede Holzart berechneten 10 Verhältniszahlen deutlich erkennen, in welchen Grenzen die Samenerzeugung der 10 Jahre 1885 bis 1894 sich bewegt hat, und schliesslich stellt die (fett gedruckte) Haupt-Durchschnittszahl die Gesamtwirkung der mittleren Häufigkeit und Reichlichkeit der Fruktifikation jeder

Holzart ziffernmässig dar. Demgemäss wäre z. B. die durchschnittlich jährliche Samenproduktion

bei der Eiche = 0,29

» » Buche = 0,25

» » Kiefer = 0,39

» » Fichte = 0,45

einer vollen Ernte.

4. Zusammenstellungen über das Auftreten der wichtigsten forstschädlichen Insekten.

Die einzelnen Jahresberichte führen diejenigen Stationen, an welchen

1. Gastropacha pini,

2. Liparis monacha,

3. Dasychira pudibunda,

4. Cnethocampa processionea,

5. Pissodes notatus,

6. Melolontha vulgaris,

7. Hylobius abietis,

8. Bostrychus typographus,

9. Hylesinus piniperda

entweder »zahlreich« oder »mässig«, d. h. mehr als vereinzelt und immer noch merklich schädlich, aufgetreten sind, namentlich an und geben ausserdem eine tabellarische Übersicht, welche die Verteilung jener Stationen auf die einzelnen Gebiete erkennen lässt.

Ohne Ausscheidung der letzteren sind nun in Anlage G die Endziffern jener Tabellen zusammengestellt und wieder addiert. Da aber für jedes Jahr auch die Gesamtzahl der Beobachtungsorte verzeichnet ist, so lässt sich auch die relative Häufigkeit der einzelnen Insektenarten — in Prozenten jener Stationszahl — berechnen. Dies ist in Anlage G zwar nicht für die sämtlichen Einzeljahre, wohl aber für diejenigen geschehen, in welche das massenhafteste bezw. seltenste Auftreten der betreffenden Insekten fällt (Maximum und Minimum), sowie für den Gesamtdurchschnitt. Die fett gedruckten Zahlen in der Tabelle sollen eben jenes Maximum besonders hervortreten lassen; wo aber in einer Spalte zwei fett gedruckte Zahlenpaare vorkommen, wie z. B. bei Hylesinus piniperda

19 + 43 im Jahre 1889,

21 + 39 » » 1890,

wird mit dem einen das absolute, mit dem anderen das relative Maximum bezeichnet, während beide sonst gewöhnlich zusammenfallen.

Nach den Endziffern der Tabelle ist Melolontha vulgaris bei weitem der am meisten verbreitete Forstschädling; er ist durchschnittlich auf einem Drittel der Beobachtungsorte in bemerklicher Menge (zahlreich oder mässig) aufgetreten; doch schwankt sein Vorkommen in weiten Grenzen, zwischen 6,3 und 53,1 %. Ihm zunächst steht Hylobius abietis, der durchschnittlich ein Viertel der Stationen heimgesucht hat, insofern aber noch schlimmer zu sein scheint, als sein Vorkommen ein viel gleichmässigeres (17 bis 36 %) war. Dann folgt Hylesinus piniperda, der ein ähnliches Verhalten zeigt. Die geringste Verbreitung haben Cnethocampa processionea und Dasychira pudibunda; erstere ist in ziemlich konstantem Masse jährlich, letztere in einzelnen Jahren gar nicht, in anderen dagegen ziemlich häufig beobachtet worden; am meisten in allerletzter Zeit, 1893 und 1894. Im übrigen fallen die Maxima fast sämtlich in die Jahre 1889 und 1890.

II. Graphische Darstellung der Ergebnisse.

Bei graphischer Darstellung treten die in Zahlentabellen enthaltenen Durchschnittsresultate ausgedehnter Beobachtungen meist besonders augenfällig hervor. Um diesen Zweck zu erreichen, können zwei verschiedene Wege eingeschlagen werden: die Anfertigung von Übersichtskarten und die Koordinaten-Methode. Beide sind hier benutzt worden.

1. Die Übersichtskarte (Anlage J).

Die Ergebnisse phänologischer Beobachtungen lassen sich in ähnlicher Weise kartographisch darstellen wie dies bei thermometrischen und barometrischen Beobachtungen etc. allgemein üblich ist: man verbindet diejenigen Punkte, welche gleiches Verhalten zeigen, auf der Karte durch Linien (hier sog. Isophanen) oder man legt die Gebiete, innerhalb deren bis zu gewissem Grade Übereinstimmung herrscht, mit gleichen Farben bezw. Farbentönen an. Dies letztere Verfahren hat H. Hoffmann bei seiner phänologischen Karte von Mitteleuropa (Petermanns geogr. Mitteilungen 27. Band 1881, 1. Heft; Gotha,

J. Perthes) eingehalten. Für den hier vorliegenden Zweck schien dasselbe weniger geeignet; denn wenn die hier verzeichneten Beobachtungsergebnisse auch zweifellos gewisse Gesetzmässigkeiten erkennen lassen, so weisen sie doch andererseits auch wieder zahlreiche Lücken und Ausnahmen auf, welche bei Anwendung der Hoffmann'schen Darstellungsmethode durch Interpolation und Korrektur hätten beseitigt werden müssen. Gerade das aber wollte der Verfasser vermeiden; er ging vielmehr darauf aus, eben nur die wirklichen Ergebnisse ohne jede Abänderung oder Berichtigung anschaulich zu machen, und er glaubte dieser Ansicht am besten durch folgendes Verfahren zu entsprechen.

Mit Benutzung von E. Debes' Schulatlas wurde eine Fluss- und Gebirgskarte von Mitteleuropa angefertigt, auf welcher die Höhenschichten von 0 bis 200, 200 bis 500 und über 500 m durch drei verschiedene Farbentöne angedeutet, alle Gewässer blau und die wichtigsten politischen Grenzen rot eingezeichnet sind. Sodann wurden die sämtlichen forstlich-phänologischen Stationen, welche in Anlage B und C aufgenommen sind, eingetragen und durch (verhältnismässig grosse) Nullchen bezeichnet, auch die Namen schwarz beigeschrieben. Um nun das phänologisch verschiedene Verhalten der einzelnen Beobachtungsorte zum Ausdruck zu bringen, wurde die in Anlage C berechnete mittlere Eintrittszeit des Erstfrühlings — als die interessanteste und zugleich am sichersten festgestellte Entwickelungsphase des Pflanzenlebens — benutzt und durch 4 verschiedene Bezeichnungen des Stationspunktes (Nullchens) kenntlich gemacht; so zwar, dass alle Stationen gleiche Bezeichnung erhielten, deren Erstfrühling entweder

a) in die vorletzte Woche des April oder
b) » » letzte » » » »
c) » » erste » » Mai »
d) » » zweite » » »

oder noch später fällt. Man kann diese vier Gruppen kurz mit den Ausdrücken »sehr frühes«, »frühes«, »spätes« und »sehr spätes Frühjahr« benennen.

Die gewählte (übrigens auch von anderen schon benutzte) Art der kartographischen Darstellung hat nach der Ansicht des Verfassers folgende Vorzüge:

a) sie bringt unter Vermeidung jeder Interpolation nur feststehende resp. beobachtete Thatsachen zum Ausdruck, lässt aber nichts desto weniger

b) den Einfluss der geographischen Länge und Meereshöhe auf einen Blick erkennen und

c) es kommen dabei nicht, wie in allen Hoffmannschen Karten, relative Zahlen (5, 10, 15 . . . Tage vor oder nach Giessen), sondern die an und für sich schon interessanteren absoluten Mitteldaten des allgemein erwachenden Pflanzenlebens zur Darstellung.

2. Koordinatentafeln (Anlage H).

Die Koordinaten-Methode eignet sich besonders zur Veranschaulichung des Einflusses, welchen ein einzelner Faktor unter übrigens gleichen Umständen auf die beobachtete Wirkung ausübt. Sie wurde im vorliegenden Falle benutzt, um folgende Verhältnisse zur Darstellung zu bringen:

a) den entscheidenden Einfluss der Meereshöhe auf die mittlere Eintrittszeit des Erstfrühlings in den einzelnen Flussgebieten und Gebirgen, Anlage D und Tafel I der Anlage H;

b) die Schwankungen, welche in Bezug auf Erst- und Vollfrühling, sowie auf die Vegetationsdauer an Orten von annähernd gleicher geographischer und Höhenlage von Jahr zu Jahr vorkommen, Anlage E und Tafel II der Anlage H;

c) die Ergiebigkeit der Samenernte von mehreren Holzarten, Anlage F und Tafel III der Anlage H;

d) das Mass des Vorkommens der schädlichsten Forstinsekten in den einzelnen Jahren des Beobachtungszeitraumes, Anlage G und Tafel III der Anlage H.

Als Abscissen sind in den Tafeln ad a die Meereshöhen, ad b, c und d die Jahre 1885 bis 1894; als Ordinaten ad a und b die berechneten Mitteldaten für Erst-, resp. Vollfrühling und Vegetationsdauer, ad c die »Verhältniszahlen« der Anlage F und ad d die absoluten Mengen der betr. Beobachtungsorte verzeichnet.

III. Folgerungen.

In diesem Abschnitt sollen auf Grund der zusammengestellten Beobachtungsergebnisse (Anlage C bis G) folgende Punkte kurz besprochen werden:

1. Das phänologische Verhalten der Hauptholzarten in Bezug auf Blattausbruch, Blüte, Fruchtreife, Samenerträgnis;
2. das phänologische Verhalten der Beobachtungsgebiete, insbesondere der Einfluss der geographischen Breite und Länge, sowie der Meereshöhe;
3. die Beziehungen zwischen Klima und Holzmassenproduktion;
4. das phänologische Verhalten der einzelnen Jahre des Beobachtungszeitraums.

Ad 1, 2 und 3 sollen hauptsächlich die Durchschnittszahlen, wie sie in Anlage C, D und F berechnet sind, benutzt werden; dagegen kommen ad 4 die Schwankungen in Betracht, welche sich bei einzelnen Erscheinungen von Jahr zu Jahr zeigen, und wo möglich der gegenseitige Zusammenhang solcher Schwankungen.

1. Das phänologische Verhalten der Hauptholzarten.

a. Zeit und Reihenfolge des Blattausbruchs.

Die neun zur Zusammenstellung herangezogenen Holzarten sind in Anlage C nach der von H. Hoffmann durch langjährige Beobachtung festgestellten Giessener Reihenfolge aufgeführt: Lärche, Birke, Hainbuche, Rotbuche, Stiel- und Traubeneiche, Tanne, Fichte, Kiefer. Die gleiche Reihenfolge wiederholt sich bezüglich der Laubhölzer fast überall, nur mit dem Unterschiede, dass in Hochlagen, z. B. des Schwarzwaldes, Rothaargebirges, Thüringer Waldes, Harzes, die Hainbuche öfters hinter die Rotbuche zurücktritt. Wenn dagegen nach H. Hoffmann die bei Giessen nicht heimische und selten im Walde vertretene Weisstanne hier durchschnittlich 3 Tage früher als die Fichte (3,5 resp. 5,5) ergrünen soll, so bestätigt sich dies durch die sonstigen Beobachtungen nicht; vielmehr zeigt die Tanne gerade in ihren Hauptverbreitungsbezirken (Elsass-Lothringen, Baden, Württemberg, auch Ostpreussen) fast regelmässig eine Verspätung von 2 bis 6 Tagen gegenüber der Fichte. Die Kiefer kommt überall noch beträchtlich später.

Von besonderem Interesse erschien es, festzustellen, ob beide einheimischen Eichenarten in der Zeit des Blattausbruchs wirklich eine
erhebliche und konstante Verschiedenheit zeigen. Zu einer entscheidenden Beantwortung dieser Frage konnten nur diejenigen Stationen heran-
gezogen werden, an welchen beide ganz gleichmässig beobachtet worden
sind; es waren dies nur 115; hiervon aber haben mehr als die Hälfte,
nämlich 62 Stationen, einen Unterschied überhaupt nicht konstatiert,
sondern für beide Eichen alljährlich, folglich auch im Durchschnitt,
den gleichen Termin angegeben. Es darf wohl angenommen werden,
dass diese Gleichheit nicht auf wirklicher genauer Beobachtung beruht,
sondern dass man einfach die Unterscheidung beider Arten unterlassen
oder übersehen hat. Demnach bleiben noch 53 Orte, deren Angaben
Berücksichtigung verdienen, und von diesen weisen 26, also die Hälfte,
im Durchschnitt nur einen Tag Unterschied zu Gunsten der Stieleiche auf; ferner bleibt die Traubeneiche hinter dieser zurück

um 2 Tage an 10 Stationen,
» 3 » » 5 »
» 4 » » 3 »
» 5 » » 2 »
» 6, 9 u. 11 Tage an je einer Station.

Es dürfte also zu schliessen sein, dass der Unterschied überhaupt
kein beträchtlicher ist. Merkwürdiger Weise haben wir sogar vier Stationen, an welchen die Traubeneiche durchschnittlich um einen bis
vier Tage vorangeht, nämlich Leszno und Oliva in Westpreussen, Eich-
quast in Posen, Marienthal in Braunschweig.

Von der Zeit des Blattausbruchs wird bekanntlich die Spätfrostgefahr, also ein für die Praxis eminent wichtiger Umstand,
wesentlich bedingt. Da nun im grösseren Teile Deutschlands, insbesondere im Norden der Mainlinie, Frostnächte fast alljährlich um die
Zeit der sogenannten »drei Eisheiligen«, 12. bis 14. Mai, vorzukommen
pflegen, so ist einleuchtend, dass alle diejenigen Holzarten, welche nicht
wie Birke und Hainbuche an sich unempfindlich gegen Frost sind, jener
Gefahr um so leichter erliegen müssen, je näher die Zeit ihrer Blattentfaltung mit jener kritischen Periode, der ersten Hälfte des Mai, zu-
sammenfällt. Dies wird hauptsächlich der Fall sein bei Rotbuche,
Eiche, Fichte und Tanne. Denn die Nadeln der Lärche, deren
erstes Ergrünen durchschnittlich zwischen dem 7. und 31. April erfolgt,
sind bis dorthin schon härter und unempfindlicher geworden, und die
Kiefer, als die vorsichtigste unter allen, öffnet ihre Knospen in den
allergünstigsten Lagen gewöhnlich nicht vor dem 7. Mai, und an den

2*

meisten, insbesondere den mehr gefährdeten Orten erst nach der Mitte dieses Monats.

Dagegen fällt die Zeit der Laubausbildung, d. h. vom ersten Sichtbarwerden der Blätter bis zum völligen Ergrünen des Waldes, die nach den Giessener Beobachtungen an Buche und Eiche etwa 10 bis 14 Tage dauert, bei jenen vier meistgefährdeten Holzarten fast überall ganz oder teilweise in die kritische erste Maihälfte. Am allermeisten ist dies bei der Rotbuche der Fall, deren (erster) Blattausbruch etwa zwischen dem 13. April (Baden-Baden) und dem 17. Mai (Carlsberg in Oberschlesien) schwankt. Sieht man aber von den an sich weniger gefährdeten Hochlagen und von ausnahmsweise grossen Verspätungen (wie z. B. Fritzen in Ostpreussen) ab, so bleibt für die meisten Beobachtungsgebiete, namentlich nördlich vom Maine, gerade die Zeit vom 20. April bis Mitte Mai für die Entwickelung des Buchenlaubs übrig. Während dessen erstes Erscheinen, wie in Anlage C verzeichnet, gewöhnlich mit dem Mitteldatum des »Erstfrühlings« nahe zusammentrifft, bezeichnet dasjenige beider Eichenarten das Ende dieser phänologischen Jahreszeit; es beginnt in Südwestdeutschland meist nicht vor dem 24., im Norden der Mainlinie frühestens in den letzten Tagen des April und verzögert sich in Tief- und Mittellagen (bis 400 m) — immer im Durchschnitt der Beobachtungsjahre gerechnet — bis etwa zum 20. Mai in Ostpreussen. Demnach wird die Eiche, obwohl an sich mindestens ebenso frostempfindlich als die Buche, doch an vielen Orten schon nicht mehr so oft wie diese von jenem Schicksal ereilt. Noch etwas günstiger situiert sind Fichte und Tanne, deren Knospen sich fast nirgends vor Anfang Mai, meist erst von der zweiten Woche dieses Monats ab zu öffnen, und im Nordosten erst zu Ende desselben durchgängig erschlossen zu sein pflegen.

b. Aufblühzeit.

Was bezüglich der Frostgefahr von Buche und Eiche unter a gesagt wurde, gilt in gleichem Masse auch von deren Blüte, da das Erscheinen derselben mit der Blattentfaltung zusammen, d. h. in die Zwischenzeit vom ersten Blattausbruch bis zum völligen Grünwerden des Waldes fällt. Die Kiefer ist auch in dieser Beziehung vorsichtiger; ihre Blüte geht an den meisten Orten nicht, wie Hoffmann für Giessen gefunden hat, dem Erscheinen der ersten Nadeln voraus, sondern folgt diesem meist erst einige Tage später.

Die Blüte der Schwarzerle, das einzige hier verzeichnete Datum für den »Vorfrühling«, schwankt je nach den Witterungsverhältnissen der einzelnen Jahre in weiten Grenzen, im Durchschnitt aber je nach der geographischen Lage zwischen Mitte und Ende März, und verzögert sich nur in Ostpreussen sowie in den Hochlagen des Harzes, Thüringer Waldes etc. zuweilen bis Mitte April. Diejenige des Spitzahorns und der Vogelkirsche geht dem Mitteldatum des Erstfrühlings, und ebenso die des Bergahorns demjenigen des Vollfrühlings gewöhnlich um einige Tage voraus. Vergleicht man beide Ahornarten unter einander, so findet sich in deren Aufblühzeit ein Unterschied von 12 bis 16, durchschnittlich 14 Tagen. Für beide Lindenarten, die im Hochsommer, Mitte Juni bis Mitte Juli blühen, ergiebt sich ebenso eine Differenz von meist 4 bis 6, also im Mittel 5 Tagen.

c. Fruchtreife.

Hier sind in Anlage C nur beide Eichenarten verzeichnet, deren Fruchtreife — eine übrigens nur schwer genau zu fassende Erscheinung — im Frühherbst, je nach Lage und Meereshöhe zwischen Mitte September und Mitte Oktober erfolgt. Von 64 Stationen, an welchen beide Arten gleichmässig beobachtet worden sind, konstatieren 38 keinen Unterschied; an 25 Orten dagegen stand die Traubeneiche durchschnittlich um 1 bis 9, meist 2 Tage hinter der Stieleiche zurück, und einmal (Neuhaus, Provinz Brandenburg) findet sich auch das umgekehrte Verhalten.

d. Samenerträgnis.

Wie schon oben unter I, 3 ausgeführt wurde, geben die in Anlage F berechneten mittleren »Verhältniszahlen« einen Gesamtausdruck für die Häufigkeit und Reichlichkeit des Samenertrages bei den einzelnen Holzarten. Fasst man aber auch die Verhältniszahlen der einzelnen Jahre ins Auge, so lassen sich die Grenzen erkennen, in welchen jener Ertrag zu schwanken pflegt.

Die mittleren sowie die extremen, grössten und kleinsten Zahlen sind nachfolgend nochmals besonders zusammengestellt und dabei die beobachteten 13 Hauptholzarten nach dem Aufsteigen der Mittelzahl geordnet.

Ordn.-Nr.	Holzart	Grösste	Kleinste	Mittlere
		Verhältniszahl		
1	Buche	0,90	0,02	0;25
2	Eiche	0,64	0,13	0,29
3	Weymouthskiefer	0,56	0,15	0,29
4	Lärche	0,45	0,18	0,31
5	Ulme	0,59	0,24	0,38

Ordn.-Nr.	Holzart	Grösste	Kleinste	Mittlere
			Verhältniszahl	
6	Kiefer	0,50	0,30	0,39
7	Weisstanne	0,63	0,16	0,39
8	Ahorn	0,75	0,20	0,44
9	Fichte	0,60	0,23	0,45
10	Esche	0,63	0,24	0,46
11	Erle	0,61	0,38	0,50
12	Birke	0,71	0,37	0,54
13	Hainbuche	0,79	0,26	0,54

Hiernach stehen Rot- und Weissbuche als äusserste Extreme einander gegenüber; erstere liefert im Ganzen genommen von allen Holzarten am wenigsten Samen; bei ihr kommen aber in einzelnen Jahren sehr reichliche (0,90 im Jahre 1888), in anderen ganz minimale Ernten (0,02 in 1891) vor, während der Samenertrag der Hainbuche nur zwischen $1/4$ und $3/4$ der allgemeinen vollen Ernte schwankt. Die Eiche liefert im Ganzen etwas mehr Mast als die Buche, und in jedem Jahre doch wenigstens an einigen Orten; dafür weist sie aber keine so allgemeine Vollmast auf wie jene. Birke, Erle, Esche und Ahorn stehen in ihrem Verhalten der Hainbuche nahe. Von den Nadelhölzern endlich liefert die Fichte im Gesamtdurchschnitt die besten, Weymouthskiefer und Lärche die geringsten, die gemeine Kiefer die gleichmässigsten, die Weisstanne die ungleichmässigsten Ernten.

Obwohl zweifellos auch andere Umstände noch den Samenertrag beeinflussen, lässt sich eine gewisse Analogie zwischen diesem und der Spätfrostgefahr nicht verkennen; hier wie dort finden wir die Reihenfolge: Buche, Eiche, Nadelholz.

2. Das phänologische Verhalten der Beobachtungsgebiete.

a. Einfluss der geographischen Breite.

Dieser kann dadurch isoliert werden, dass man Orte von gleicher geographischer Länge und Meereshöhe mit einander vergleicht; um aber sicherer zu gehen, soll diese Vergleichung hier nicht auf einzelne Stationen und Beobachtungen, sondern auf die Mitteldaten der ausgeschiedenen Beobachtungsgebiete bezogen werden.

Im Westen Deutschlands liegt Baden zwischen $47^{1}/_{2}°$ und $49^{1}/_{2}°$, Hannover zwischen $52°$ und $54°$ nördlicher Breite; von Mitte zu Mitte, $48^{1}/_{2}°$ bis $53°$, beträgt also der Unterschied $= 4,5$ Breitegrade. In der untersten Höhenzone (bis 200 m) tritt der »Erstfrühling« in Baden

durchschnittlich am 20. April, in Hannover am 2. Mai, d. i. 12 Tage
später ein; folglich entfällt auf je einén Breitegrad eine Verspätung von

$$\frac{12}{4,5} = 2,7 \text{ Tagen.}$$

Annähernd das nämliche ergiebt sich, wenn man die höheren
Gebirgslagen oder die mittleren Daten des »Vollfrühlings« vergleicht.
Und auch für die östlichen Gebiete des Deutschen Reiches erhalten
wir die gleichen Zahlen. Dort wird die Mitte Schlesiens etwa vom 51.,
diejenige Westpreussens vom 54. Breitegrad geschnitten; Erst- und
Vollfrühling treten nach Anlage C in den Tieflagen der letztgenannten
Provinz 8 Tage später ein als in denjenigen der ersteren; folglich im
Durchschnitt eines Breitegrades wieder

$$\frac{8}{3} = 2,7 \text{ Tage.}$$

Ostpreussen zeigt noch eine weitere Verspätung von 2 Tagen, liegt
aber im Ganzen auch etwas weiter nördlich als Westpreussen und um
ca. 3 Längengrade weiter östlich als jene beiden Provinzen.

Anderwärts[1]) wird eine Verschiebung der Blütezeit um 3 bis 4 Tage
für jeden Breitegrad angegeben; indessen dürfte den hier vorliegenden
Resultaten, weil sie als Durchschnitte aus sehr zahlreichen Beobachtungen
an lauter einheimischen, von künstlicher Kultur wenig berührten Holzpflanzen abgeleitet sind, vielleicht der grössere Wert beizulegen sein.

b. Einfluss der geographischen Länge.

Schon bei oberflächlicher Betrachtung der Zahlenreihen in Tabelle C,
sowie der Übersichtskarte, stellt sich heraus, dass nicht nur von Süden
nach Norden, sondern auch von Westen nach Osten hin sich eine fort-
schreitende Verspätung der Vegetation bemerklich macht, welche letztere
ohne Zweifel den Einwirkungen des Golfstroms und den im östlichen
Europa häufig herrschenden kontinentalen Luftströmungen zuzuschreiben
sein wird. Der naturgemäss geringere Einfluss der geographischen Länge
kann nun ebenfalls auf die im vorigen Abschnitt angedeutete Art festgestellt werden.

Die preussische Rheinprovinz und Schlesien liegen in ungefähr
gleicher Breite; erstere aber zwischen 23,5 ° und 25,5°, letzteres zwischen
32 ° und 37 ° östlicher Länge von Ferro. Der Abstand beträgt also
durchschnittlich 34,5 °—24,5 ° = 10 Längengrade, und da Erst- und
Vollfrühling gleicher Höhenschichten um 3 bis 6, durchschnittlich 5 Tage

---

[1]) Vgl. Ludwigs Lehrbuch der Biologie der Pflanzen, S. 149.

differieren, so ergiebt sich für jeden Längengrad eine Verspätung um ca. $^1/_2$ Tag.

Nahezu das nämliche Resultat liefert eine Vergleichung der Provinzen Schleswig-Holstein und Ostpreussen; nämlich $38,5\,^0 - 27,5\,^0 = 11\,^0$ Abstand und 4 bis 7, durchschnittlich $5^1/_2$ Tage Verspätung, also ebenfalls $^1/_2$ Tag auf den Längengrad.

c. Einfluss der Meereshöhe.

Hierüber geben die Zahlen der Anlage D nebst zugehöriger graphischer Darstellung (Tafel I der Anlage H) die beste Auskunft.

Fassen wir zunächst die Tief- und Mittellagen der Hauptflussgebiete ins Auge und werden dabei für Weser, Elbe und Oder Gesamt-Durchschnittszahlen berechnet, so erhalten wir folgende mittleren Erstfrühlingsdaten:

	Höhenschichten			
Flussgebiete	bis 100	100—200	200—300	300—400 m
Rhein	21.4	21.4	22.4	24.4
Weser, Elbe und Oder . .	30.4	28.4	28.4	1.5
Weichsel	7.5	6.5	9.5	—

Die entsprechenden Vollfrühlingsdaten sind:

	Höhenschichten			
Flussgebiete	bis 100	100—200	200—300	300—400 m
Rhein	11.5	9.5	11.5	13.5
Weser, Elbe und Oder . .	16.5	17.5	16.5	20.5
Weichsel	23.5	22.5	26.5	—

Hieraus kann geschlossen werden, dass bis zur Höhe von etwa 300 m grössere Unterschiede überhaupt nicht zu konstatieren sind; dass aber, wie schon in der Einleitung angedeutet, die unterste Höhenzone (bis 100 m) häufig etwas hinter der zweiten zurücksteht, was ohne Zweifel mit der in feuchten Tieflagen besonders heimischen Spätfrostgefahr zusammenhängt.

Wie weiter aufwärts mit steigender Meereshöhe regelmässige Verspätungen in der Vegetation eintreten, erhellt aus den Zusammenstellungen über das Donaugebiet und insbesondere über die nach Abschnitt I, 1 ausgewählten drei Gebirge bezw. Gebirgsgruppen, deren Endziffern zu besserer Übersicht hier nochmals folgen:

Erstfrühling im	200—400	400—600	600—800	800—1000 m
Schwarzwald . . . =	18.4	24.4	2.5	3.5
Thüringer Wald etc. =	29.4	2.5	8.5	—
Harz . . . . . . =	5.5	9.5	13.5	—

Vollfrühling im		200—400	400—600	600—800	800—1000 m
Schwarzwald . . .	=	6.5	12.5	20.5	20.5
Thüringer Wald etc.	=	20.5	20.5	23.5	—
Harz	=	19.5	22.5	23.5	—

Die Erstfrühlingsdaten sind aus früher angegebenem Grunde ohne Zweifel die zuverlässigsten; aus ihnen lässt sich für den Schwarzwald bei 600 m Höhendifferenz zwischen den Mitten der ersten und letzten Zone eine Gesamtverspätung um 15 Tage, für die mitteldeutsche Gebirgsgruppe (Thüringer- und Frankenwald, Fichtelgebirge und Voigtland) und den Harz bei 400 m eine solche von 8 bis 9 Tagen feststellen. Aus beiden folgt für je 100 m ein Rückgang um 2 bis 2,5 Tage. Auch dies ist etwas weniger als anderwärts — vgl. Ludwig a. a. O. Seite 150 — angegeben wird.

d. Gesamtwirkung der klimatischen Faktoren.

Ohne Zweifel ist das Klima einer Gegend ausser der geographischen Lage und Meereshöhe auch noch von anderen Faktoren, wie Bodenart, Exposition, Neigungsgrad, Bewaldungsziffer, Wasserreichtum u. s. w., abhängig. Deren Einfluss im einzelnen zu verfolgen, geht jedoch, bis jetzt wenigstens, nicht wohl an. Aber die Gesamtwirkung aller jener Faktoren findet jedenfalls ihren vollkommensten und deutlichsten Ausdruck in den Erscheinungen des Pflanzenlebens, da die Pflanze, wie Ludwig a. a. O. S. 149 mit Recht hervorhebt, ein viel empfindlicheres und, fügen wir hinzu, vielseitigeres Beobachtungsinstrument ist als das Thermometer. Andererseits freilich leiden die phänologischen Beobachtungen unter dem unvermeidlichen Mangel an Exaktheit, der auch durch noch so grosse Zahlen nicht ausgeglichen wird, eben weil mit der Menge der Beobachter auch deren subjektive Auffassungen an Verschiedenheit zunehmen und an Einfluss gewinnen.

Immerhin scheint es von Interesse, die Grenzen festzustellen, innerhalb deren die in unseren Zusammenstellungen aufgeführten phänologischen Jahreszeiten des Erst- und Vollfrühlings, sowie des Spätherbstes und die »Vegetationsdauer« schwanken, und ferner zuzusehen, wie sich die ausgeschiedenen Hauptgebiete in dieser Beziehung zu einander verhalten.

Der Erstfrühling tritt — im Durchschnitt des 10jährigen Beobachtungszeitraums — an besonders günstig gelegenen Orten des Südwestens, wie in Baden-Baden und Freiburg i. B., am 17. April ein und verspätet sich in Ostpreussen bis zum 11. Mai, in den Hochlagen des Harzes und Schlesiens sogar bis zum 15. Mai. (Die Ziffer 20/5 für

Sonnenberg, Prov. Hannover, ist augenscheinlich zweifelhaft und bleibt daher ausser Betracht.) Der Gesamt-Spielraum beträgt mithin 28 Tage oder gerade 4 Wochen. Derjenige des Vollfrühlings ist nahezu der nämliche: 4. Mai an den genannten Badischen Orten bis 31. Mai, Rothebude in Ostpreussen. Fasst man aber anstatt der einzelnen Stationen die in Anlage C fettgedruckten Mitteldaten ins Auge, so ergeben sich für den Vollfrühling (6. bis 27. Mai) etwas engere Grenzen (21 Tage) als für den Erstfrühling (19. April bis 14. Mai = 25 Tage).

Der — an sich weniger sicher zu beobachtende — Spätherbst schwankt, von einigen offenbar abnormen Angaben abgesehen, zwischen Anfang und Ende Oktober, und da er allgemein in guten Lagen später eintritt als in rauhen, so muss die »Vegetationsdauer« den weitesten Spielraum aufweisen. In der That finden wir als (abgerundetes) Maximum 180 Tage, d. i. 6 Monate, in Diebolsheim und Lörrach; als (eben solches) Minimum 140 Tage in Allrode, Todtenrode, Sonnenberg im Harz und Carlsberg in Oberschlesien, mithin eine Gesamt-Differenz von 40 Tagen oder nahezu 6 Wochen. Bei den Mitteldaten der Anlage C reduziert sich dieselbe auf $177 - 145 = 32$ Tage. Dass so grosse Unterschiede nicht ohne Einfluss auf die Menge der Vegetationsprodukte, insbesondere auf die Holzmassenerzeugung im Walde sein können, leuchtet ohne weiteres ein und soll im folgenden Abschnitt noch näher erörtert werden.

Um das gegenseitige phänologische Verhalten der Beobachtungsgebiete zu charakterisieren, fassen wir wieder die in Anlage D ausgeschiedenen Flussgebiete und Gebirge nebst der Übersichtskarte und den zugehörigen Koordinationstafeln ins Auge. Da ergiebt sich denn vor allem, dass im Rheingebiete bei weitem die günstigsten klimatischen Verhältnisse herrschen. Das »sehr frühe Frühjahr«, d. h. der Eintritt des Erstfrühlings in der vorletzten Aprilwoche (17. bis 23. April) findet sich hier reichlich vertreten; im Osten der Ems nur noch ganz vereinzelt — Habichtswald in Westfalen, Lichtenberg in Braunschweig, Dresden und Elstra in Sachsen — und jenseits der Elbe, bezw. der schwarzen Elster, überhaupt nicht mehr. An das Rheingebiet schliesst sich dasjenige der Donau mit seinen durchgängig höheren Lagen (nicht unter 330 m) unmittelbar an, wie insbesondere die Tafel I der Anlage H deutlich erkennen lässt.

Die Gebiete der Weser, Elbe und Oder zeigen unter sich keine grossen Verschiedenheiten und werden deshalb auch wieder zusammengefasst. Vergleicht man die korrespondierenden Höhenschichten mit denjenigen des Rheingebiets (s. oben unter c), so ergiebt sich diesem gegenüber eine Verspätung der Vegetation um 5 bis 9, durchschnittlich 7 Tage. Und das Weichselgebiet steht abermals um 5 bis 11, durchschnittlich 8 Tage, gegenüber dem Rheinland also um reichlich zwei Wochen zurück.

Ein ähnliches Verhalten zeigen die in Anlage D zusammengestellten Gebirge. Im Schwarzwald treten Erst- und Vollfrühling durchschnittlich 8 Tage früher ein, als in den gleichen Höhenlagen des mitteldeutschen Berglandes und dieses geht dem Harze in Bezug auf den Erstfrühling wieder um 6 Tage voran, während beim Vollfrühling kein erheblicher Unterschied mehr festgestellt werden konnte.

Einzelne Zahlen der Anlage C geben freilich auch zu Bedenken Veranlassung; so z. B. scheint es unnatürlich, dass die Tieflagen der hessischen Provinz Starkenburg (südlich vom Main) mit 22./4. und 10./5. im Durchschnitt keinen Vorsprung vor denjenigen Oberhessens (21./4. und 11./5.) haben sollen. Indessen findet sich die Erklärung dieses Verhaltens bei Betrachtung der einzelnen Stationen leicht in dem zufälligen Umstande, dass unter den südhessischen Orten die besonders günstigen Lagen der Bergstrasse gar nicht, andererseits diejenigen der Wetterau durch Ober-Rosbach und Büdingen (den einzigen weinbauenden Ort Oberhessens) verhältnismässig stark vertreten sind. Und geht man weiter aufwärts im Gebirge, so zeigt sich alsbald der Vorsprung des Odenwaldes vor dem Vogelsberg um 3 bis 8, durchschnittlich 5 Tage. Wenn das Klima des letzteren im Vergleiche zu den benachbarten Gebirgen, Taunus, Westerwald, Rhön und Spessart, als besonders rauh berüchtigt ist, so findet dieser schlimme Ruf in den Angaben der Anlage C seine ziffermässige Bestätigung.

In ähnlicher Weise erklärt sich der auffallende Vorsprung der Provinz Hessen-Nassau vor Baden und Elsass-Lothringen hinsichtlich der unteren Höhenzone; jene ist eben nur durch zwei besonders günstig gelegene Stationen, Wolfgang bei Hanau und Eltville im Rheingau vertreten. In den höheren Gebirgslagen zeigt sich alsbald das naturgemäss umgekehrte Verhalten. Andere scheinbare Widersprüche werden auf analoge Art zu lösen sein.

3. Beziehungen zwischen Klima und Holzmassenproduktion.

Wenn, wie im vorigen Abschnitt bereits angedeutet wurde, die Länge der durchschnittlich jährlichen Vegetationsperiode in Deutschland Unterschiede von einem Monat und mehr aufweist, so ist einleuchtend, dass Standorte von an sich gleicher Bodengüte doch entsprechende Verschiedenheiten in der Holzmassenproduktion zeigen müssen.

Behufs einer Vergleichung in dieser Hinsicht hat man aus den vorliegenden Veröffentlichungen für die am weitesten verbreiteten Holzarten, Buche und Kiefer, die grössten überhaupt vorkommenden, bezw. aufgefundenen Haubarkeits-Durchschnittserträge pro Jahr und ha zusammengestellt, welche die Aufnahmen der forstlichen Versuchsanstalten oder einzelner Schriftsteller in 90- bis 110jährigen geschlossenen Beständen ergeben haben.

Hiernach sind für die Buche folgende Maximalerträge festgestellt worden:

in der Schweiz (Zürich) . . . . 8,6 fm
» Württemberg . . . . 7,7 »
» der hess. Provinz Starkenburg . 6,9 »
» Oberhessen, Westfalen, Hannover
und Braunschweig . . . . 5,9 bis 6,7 fm
» der Provinz Brandenburg . . 6,0 fm
» » » Pommern . . . . 5,2 »

Diese Zahlenreihen lassen offenbar einen Rückgang in der Richtung von Südwesten nach Nordosten erkennen, ganz ähnlich demjenigen der oben bezifferten »Vegetationsdauer«. Eine Ausnahme macht nur die Provinz Schleswig-Holstein, wo Jahreserträge bis zu 7,5 fm konstatiert worden sind, die vielleicht dem Seeklima zugeschrieben werden mögen, das der Buche wohl besonders zusagt.

Ganz ähnliche Zahlenreihen ergeben sich bei der Kiefer und zwar:

a. in Westdeutschland:

Oberbayern . . . . 8,3 fm
Württemberg . . . . 7,8 »
Hess. Prov. Starkenburg . . . . . . 7,5 »
Oberhessen und Hannover . . . . . 5,5 »

b. in Ostdeutschland:

Schlesien . . . . 6,4 fm
Posen . . . . 6,2 »
Brandenburg, Pommern und Westpreussen 5,7 bis 5,8 fm
Ostpreussen . . . . . , ... 5,0 fm

Auch für die Fichte wurden ähnliche Zusammenstellungen versucht, konnte aber ein gleich regelmässiger Rückgang der Produktion mit dem Klima nicht nachgewiesen werden. Es mag dies vielleicht daran liegen, dass jene Holzart in Süddeutschland vorzugsweise in höheren Gebirgslagen vorkommt, wo die Vegetationszeit ebenfalls abgekürzt ist.

4. Das phänologische Verhalten der einzelnen Jahre

ist, wie unter I, 1 (am Schlusse) und II, 2 bereits erwähnt, in Anlage E zahlenmässig und in Tafel II der Anlage H graphisch zur Darstellung gebracht. Fassen wir die einzelnen Flussgebiete ins Auge, so ergeben sich folgende Schwankungen:

	Erstfrühling	Vollfrühling	Vegetationsdauer
Rheingebiet .	5.4 bis 3.5	19.4 bis 22.5	155 bis 199
Wesergebiet .	10.4 » 12.5	6.5 » 28.5	158 » 187
Elbgebiet . .	9.4 » 15.5	27.4 » 27.5	140 » 185
Odergebiet . .	16.4 » 9.5	5.5 » 26.5	150 » 183
Weichselgebiet	20.4 » 21.5	5.5 » 4.6	141 » 171

Hiernach ist z. B. im Rheingebiet an einzelnen günstig gelegenen Orten (Wolfgang, Eltville) und in Jahren besonders frühzeitiger Vegetationsentwickelung (1893 und 94) der Erstfrühling schon am 5. oder 6. April eingetreten; anderwärts (Gross-Bieberau und Linz a. Rh. 1891) hat er sich bis zum 3. Mai verspätet. Der Spielraum beträgt demnach 28 Tage; ebenso im Gebiete der Weser 32, Elbe 36, Oder 23, Weichsel 31, im Gesamtdurchschnitt 30 Tage. In noch weiteren Grenzen schwankt, zeitlich ebenso wie örtlich (vgl. oben III, 2), die Vegetationsdauer, in den einzelnen Flussgebieten um 29 bis 45, durchschnittlich 36 Tage. Den kleinsten Spielraum mit 21 bis 33, durchschnittlich 27 Tagen, weist der Vollfrühling auf.

Für die einzelnen Jahre ergiebt Anlage E die mannigfachsten Kombinationen. Greifen wir nur einzelne extreme Fälle heraus!

Das Jahr 1894 überragt alle anderen an frühzeitiger Entwickelung; der Erstfrühling trat im Gebiete des Rheins durchschnittlich 12, der Weser 10, der Elbe 15, der Oder 7, der Weichsel 14 Tage vor dem Mitteldatum ein; ebenso der Vollfrühling um 5 bis 14 Tage und die Vegetationszeit war 7 bis 17 Tage länger als gewöhnlich.

Ein entgegengesetztes Verhalten zeigt durchgängig das Jahr 1888; nämlich Verspätungen von 6 bis 13 Tagen beim Erstfrühling, 6 bis 8 Tagen beim Vollfrühling und eine Verkürzung der Vegetationsdauer um 4 bis 9 Tage.

Andere Jahre weisen zeitliche oder örtliche Verschiedenheiten auf. So folgt 1885 und 1886 einem verhältnismässig zeitigen Erstfrühling in mehreren Gebieten ein verspäteter Vollfrühling und umgekehrt wird die anfänglich bedeutende Verspätung des Jahres 1891 bis zum Mai schon stark vermindert oder gar, wie im Weichselgebiet, in ihr Gegenteil verwandelt. Das Jahr 1893 war im westlichen Deutschland (Rhein, Weser und Elbe) ein entschieden »frühes«, im Odergebiet ein normales, im Weichselgebiet ein »spätes«; und andererseits zeigt das Jahr 1890 im äussersten Osten einen ganz bedeutenden Vorsprung beider Frühlingsphasen, der sich nach Westen hin sehr beträchtlich verringert.

Nicht uninteressant ist auch das Verhalten der einzelnen Jahre in Bezug auf die Holzsamenernte. Um eine bessere Übersicht zu gewinnen, wurden die nach I, 3 und III, 1 d beobachteten Holzarten in drei Gruppen zusammengefasst, nämlich

Eiche und Buche,

sonstige Laubhölzer,

Nadelholz,

und für jede dieser Gruppen, sowie für die Gesamtheit die jährlichen mittleren »Verhältniszahlen« wie folgt berechnet:

Jahre	Eiche und Buche	Sonstige Laubhölzer	Nadelholz	Gesamtheit
1885	0,17	0,54	0,46	0,40
1886	0,28	0,48	0,53	0,46
1887	0,10	0,42	0,25	0,31
1888	0,64	0,64	0,54	0,60
1889	0,09	0,30	0,22	0,24
1890	0,23	0,50	0,37	0,41
1891	0,08	0,37	0,22	0,27
1892	0,37	0,39	0,31	0,36
1893	0,48	0,64	0,43	0,54
1894	0,22	0,51	0,42	0,43
Durchschnitt	0,27	0,48	0,37	0,40

Aus diesen Zahlenreihen, sowie aus deren graphischer Darstellung in Tafel III der Anlage H ergiebt sich zweifellos ein annähernd paralleler weifellf des Samenerträgnisses: Maxima in den Jahren 1886, 1888, 1890 und 1893; Minima 1887, 1889, 1891. Danach lässt sich schliessen, dass die Witterungsverhältnisse der einer Samenernte vorausgehenden Zeit (einschliesslich des Vorjahres) bei allen Holzarten eine in der Regel übereinstimmende Wirkung äussern. Welche Faktoren dabei aber im einzelnen mitwirken, darüber lassen sich nur von Fall zu Fall Vermutungen aufstellen.

Die grösste Holzsamenernte war diejenige des Jahres 1888, obgleich dessen Witterungsverhältnisse in dem betr. Berichte als keineswegs günstig geschildert werden; aber das Jahr war ein durchgängig »spätes« und dieser Umstand mag zur Überwindung der Spätfrostgefahr beigetragen haben und hierdurch der Fruktifikation zu statten gekommen sein. Dass im folgenden Jahre (1888) mit ebenfalls verspätetem Frühling nur sehr wenig Samen erzeugt wurde, ist ohne Zweifel, teilweise wenigstens, einer gewissen Erschöpfung der Bäume zuzuschreiben, wie denn die Kurven der Tafel III regelmässig nach jedem Maximum ein deutliches Sinken erkennen lassen. Wenn aber die folgenden Maxima (1890 und 1893) im Gegensatz zu 1888 in vorwiegend »frühe« Jahre fallen, so beweist dies eben nur, wie ja auch von vorn herein nicht anders anzunehmen war, die Mannigfaltigkeit der mitwirkenden Ursachen. Das Jahr 1892 mit meist spätem, kaltem Frühling und vielen Nachtfrösten weist bei den meisten Holzarten geringe Ernten auf; nur die spät blühende Eiche hat die schädlichen Wirkungen des Wetters zu überwinden vermocht und sogar das grösste Masterträgnis der ganzen Periode geliefert; ein Beweis, dass von dem vorhin erwähnten parallelen Verlaufe der Kurven auch Ausnahmen vorkommen. Trotzdem wird jener als Regel zu betrachten sein; denn das folgende, durch seinen dürren Sommer, seine Futter- und Streunot bei vielen Forstleuten in schlimmem Andenken stehende Jahr 1893 hat dessen ungeachtet bei fast allen Holzarten, selbst einschliesslich der Eiche, ziemlich reichliche, d. h. über dem Durchschnitt stehende Samenernten gebracht; auf welche dann 1894 wieder ein, wenn auch nicht so deutlich wie 1888/89 ausgeprägter, Rückgang folgte.

IV. Schlussbemerkungen.

Zum Schlusse mag es dem Verfasser gestattet sein, noch einige kurze Betrachtungen über Wert oder Unwert phänologischer Beobachtungen, sowie über die Frage einer etwaigen Fortsetzung der letzteren seitens des V. D. f. V. anzustellen.

Als vor etwa 12 Jahren der eingangs erwähnte Vereins-Beschluss bekannt wurde, erhoben sich zwei gewichtige Stimmen gegen denselben, d. h. gegen die Aufnahme der phänologischen Beobachtungen in das Arbeitsgebiet der forstlichen Versuchsanstalten.

Robert Hartig warf in der Allg. Forst- und Jagdzeitung von 1884 S. 314 folgende 4 Fragen auf:

1. Sind wir im stande und berechtigt, aus dem Eintritt einer Vegetationserscheinung einen sichern Schluss zu ziehen auf das Klima einer Gegend?

2. Sind wir im stande, mit genügender Sicherheit den Eintritt der Vegetationserscheinungen für eine Gegend zu bestimmen?

3. Welchen Nutzen kann die Wissenschaft oder die Praxis aus den Resultaten dieser Beobachtungen ziehen?

4. Sind die Forstbeamten die geeignetsten Personen zur Ausführung dieser Beobachtungen, oder giebt es Personen, die mehr Zeit und Freude an derselben besitzen dürften?

Bei allen vieren gelangte R. Hartig zu einer verneinenden Antwort, denn

ad 1 eigne sich die Pflanze nicht zum Wärmemesser, die Temperatur-Summen der einer gewissen Erscheinung im Pflanzenleben vorausgehenden Vegetationsperiode seien nicht konstant, weil auch noch andere Einflüsse, sowie die Eigenart des Beobachtungs-Exemplars mitsprächen;

ad 2 wirke die subjektive Auffassung des Beobachters, dessen Belastung mit anderen wichtigeren Arbeiten (Kulturen u. dergl.) gerade in der Zeit der Blattentfaltung störend ein und seien deshalb wirklich exakte Beobachtungen nicht zu erwarten;

ad 3 stehe der zu erwartende Nutzen jedenfalls in einem argen Missverhältnis mit dem erforderlichen kolossalen Zeitaufwand, »wenn hunderte wissenschaftlich gebildeter Männer 10 Jahre hindurch periodisch jeden Tag stundenlang dieser Beschäftigung obliegen«;

ad 4 könnten die Forstbeamten ihre Zeit jedenfalls nützlicher anwenden, man solle daher die phänologischen Beobachtungen lieber anderen Personen, etwa Pfarrern und Lehrern überlassen, »die dadurch veranlasst werden, in der freien Natur zu verkehren, Naturbeobachtungen zu machen, und das befriedigende Gefühl gewinnen, dass sie auch etwas zur Förderung naturwissenschaftlicher Kenntnisse beitragen«.

In der Beantwortung der dritten Frage liegt jedenfalls eine arge Übertreibung, die nur geeignet sein kann, die beabsichtigte Wirkung zu beeinträchtigen. Denn davon, dass jeder Beobachter »täglich seine 60 (?) Beobachtungspflanzen in den verschiedenen Revieren aufsuchen müsse«, kann doch im Ernst keine Rede sein. Der Arbeitsplan nennt überhaupt nur 38 Spezies und von diesen müssen »täglich« in Wirklichkeit nur einige wenige aufgesucht werden, weil an den anderen eben zur Zeit nichts zu beobachten ist. Oder soll man etwa im April schon »täglich« nachsehen, ob Vogelbeerbaum, Hollunder, Liguster, Linden und die Getreidearten blühen, ob reife Eicheln oder Traubenkirschen vorhanden sind u. dgl. m.? Dass aber bei irgend einem der zahlreichen Forstbeamten, welche die phänologischen Beobachtungen 10 Jahre lang freiwillig mit Eifer und Interesse durchgeführt haben, hierdurch Vernachlässigungen im Dienste veranlasst worden seien, wird niemand behaupten dürfen. Sicher hätten jene Beobachtungen sonst nicht Förderung und Entgegenkommen, sondern Widerstand und Abweisung seitens der höchsten Forstverwaltungsbehörden gefunden.

Und was die vierte Frage anbelangt, so hätte R. Hartig den leisen Hohn, der in der zitierten Stelle liegt, jedenfalls besser bei Seite gelassen. Allerdings haben auch einige Herren vom geistlichen und Lehrerstande an den Beobachtungen regen und nützlichen Anteil genommen. Aber sie verdienen dafür, selbst von Seiten der wissenschaftlich höchststehenden Männer, nicht spöttische Bemerkungen, sondern Dank und Anerkennung.

Die zweite der vorhin erwähnten gegnerischen Äusserungen rührt von Wilhelm Weise her, der zwar »ganz auf dem Boden der R. Hartigschen Ansichten zu stehen« erklärt, aber mit glücklichem Takte sich in seinem Aufsatze — Allg. Forst- und Jagdzeitung von 1887, Seite 1 — auf eine nähere Beleuchtung der beiden ersten von Hartig aufgeworfenen Fragen beschränkt. Er zeigt an einer Reihe von Stationen, an denen auch meteorologische Beobachtungen stattgefunden haben, dass konstante Beziehungen zwischen durchschnittlichen oder summarischen Luft- und Erdboden-Temperaturen einerseits und gewissen Erscheinungen des Pflanzenlebens andererseits sich nicht mit Sicherheit aufstellen lassen. Hieraus folgt aber doch nur, dass die Wärmesummen[1]) nicht allein massgebend sind, sondern dass auch noch andere Faktoren, wie Temperatur-Extreme und deren Wechsel, Feuchtigkeit, Luftströmungen, Bodenarten etc. mitwirken. Demgemäss hat der Verfasser dieses Schriftchens von der Heranziehung jener Relationen ganz absehen zu sollen geglaubt und sich lediglich auf die

---

[1]) Auch wenn sie nach Hoffmanns Vorschlag nicht aus den mittleren, sondern aus den Maximaltemperaturen der einzelnen Tage gebildet werden. Vgl. Günther, Die Phänologie, ein Grenzgebiet zwischen Biologie und Klimakunde. Münster 1895.

Zusammenstellung und Gruppierung der phänologischen Beobachtungs-Ergebnisse selbst beschränkt, meint aber hiermit gerade den Nachweis geliefert zu haben, dass die hieraus berechneten Mittelzahlen vielleicht besser als irgend etwas anderes geeignet sind, die Gesamtwirkung aller klimatischen Faktoren einer Gegend zum Ausdruck zu bringen.

Auch dem störenden Einfluss der subjektiven Auffassung des einzelnen Beobachters legt Weise grosses Gewicht bei; ja er spricht sogar die »Überzeugung« aus, »dass man zu den verschiedensten Ergebnissen kommt, wenn man zwei Leute dieselben Beobachtungen in derselben Gegend machen lässt«. Nun haben wir in der That mehrere solcher doppelt besetzter Stationen, wie z. B. Gross-Umstadt a und b in Hessen, Königsthal und Bliedungen in der Provinz Sachsen, Proskau I und II in Schlesien; die Aufzeichnungen derselben ergeben allerdings manche Differenzen im einzelnen, aber die schliesslichen Endergebnisse, d. h. die Mitteldaten für Erstfrühling, Vollfrühling und Vegetationsdauer stimmen doch so gut zusammen, dass jene »Überzeugung« Weises als widerlegt angesehen werden darf.

Wenn derselbe endlich einen Widerspruch darin findet, dass die Instruktion an einer Stelle verlangt, dass die erste Belaubung notiert werden soll, während der Beobachter andererseits wieder angewiesen wird, solche Wuchsorte zu bevorzugen, welche den durchschnittlichen Charakter der gesamten Umgebung repräsentieren, so muss diesem Einwurf eine gewisse Berechtigung zuerkannt werden; man hätte das, was man sagen wollte, wohl deutlicher ausdrücken können. Indessen dürfte kaum ein Beobachter hierdurch irregeleitet worden sein; es liegt doch auf der Hand, dass man nicht etwa solche Beobachtungsorte wählt, die in ihrem Verhalten zwischen Nord- und Südseiten in der Mitte stehen, sondern dass man die erste Belaubung da sucht, wo sie regelmässig eintritt, nämlich an südlichen oder westlichen Hängen, aber an solchen von mittlerer Beschaffenheit, nicht an kleinen Stellen von ausnahmsweise begünstigter oder benachteiligter Lage.

Um etwaigen Missverständnissen zu begegnen, möge noch ausdrücklich bemerkt werden, dass niemand weiter als der Verfasser dieser Schrift davon entfernt ist, den phänologischen Beobachtungen einen übertrieben hohen wissenschaftlichen oder praktischen Wert beizulegen; deren unvermeidliche Schwächen sind ihm nach zehnjähriger Beschäftigung mit der Sache so gut wie irgend sonst jemandem bekannt. Auf der anderen Seite aber glaubt er auch annehmen zu dürfen, dass die hierauf verwendete Mühe nicht ganz vergeblich gewesen ist; dass die

Aufklärungen, welche dadurch über Leben und Ökonomie unserer Holzpflanzen, sowie über den klimatischen Charakter der Beobachtungsgebiete gewonnen worden sind, ebensowohl Beachtung verdienen, als
manche wissenschaftliche Errungenschaften von weit weniger unmittel-
barem Interesse, die doch auch den Vergleich zwischen Aufwand und
Erfolg nicht scheuen.

Dagegen dürfte die letztgenannte Abwägung ganz am Platze sein,
wenn es sich um die Frage handelt, ob der Verein Deutscher forstlicher Versuchsanstalten als solcher die phänologischen Beobachtungen
noch weiterhin zum Gegenstande seiner Bearbeitung und Veröffentlichung
machen soll. Diese Frage glaubt der Verfasser entschieden mit »Nein«
beantworten zu müssen. Zwar zeigt ein Blick auf die hier beiliegenden
Tabellen, die Kurventafeln und die Übersichtskarte, dass immer noch
einzelne Unregelmässigkeiten, Sprünge und selbst scheinbare Widersprüche in den Endergebnissen vorhanden sind, die sich durch weitere
Fortsetzung der Beobachtungen wohl würden ausmerzen lassen. Da
man aber schon jetzt deutlich genug sehen kann, welche Richtung
diese Verbesserungen nehmen würden; da insbesondere der Einfluss
der geographischen Lage und Meereshöhe auf die Waldvegetation bereits
unverkennbar hervortritt; so würde der erhebliche Kostenaufwand, mit
welchem zwar nicht die Aufnahme der Beobachtungen, wohl aber deren
Zusammenstellung und Publikation verbunden ist, durch die noch er-
zielbaren Korrekturen kaum genügend verlohnt werden. Die Geldmittel
der meisten Versuchsanstalten sind beschränkt und werden durch andere,
zum Teile wenigstens für Wissenschaft und Praxis wichtigere, Aufgaben
in zunehmendem Masse in Anspruch genommen, so dass man darauf
bedacht sein muss, Zersplitterungen, die nicht unbedingt nötig sind,
zu vermeiden.

Instruktion

für forstlich-phänologische Beobachtungen.

———

Der Zweck der phänologischen Beobachtungen ist:
den Gang der örtlichen Entwickelung des Pflanzenlebens sowie gewisse periodische Erscheinungen im Tierleben behufs Erlangung einer tieferen Einsicht in die biologischen Verhältnisse zu beobachten und hierdurch zugleich einen Schluss auf das Klima der betreffenden Gegend sowie einen Vergleich mit den analogen Verhältnissen anderer Lokalitäten zu ermöglichen.

Zu diesem Behuf ist es erforderlich, den Tag des Eintrittes verschiedener Entwickelungsphasen an einer Reihe dazu geeigneter charakteristischer und wichtiger Pflanzen und Tiere aufzuzeichnen.

A. An Pflanzen.

1. An Bäumen und Sträuchern ist das Datum des Eintrittes folgender Entwickelungsphasen zu notieren:

    a) die erste Blattentfaltung im Frühjahr: B. O. s.;

    b) die allgemeine Belaubung der Holzbestände bezw. vieler Exemplare: a. Bel.;

    c) die ersten vollständig entwickelten Blüten, Beginn der Blütezeit: e. B.;

    d) die völlige Reife der ersten Früchte: e. F.;

    e) die allgemeine Laubverfärbung: a. L. V.

Regeln zur Bestimmung obiger Entwickelungsphasen.

ad a. Die Aufzeichnung über den Beginn der Belaubung hat dann zu geschehen, wenn an mehreren Individuen einer Art die ersten Blattoberflächen sich soweit entwickelt haben, dass die grünen, oberen Blattseiten frei dem Himmel zugekehrt sind, bei den Nadelhölzern dann, wenn die ersten Nadeln sich trennen. — Weil jedoch die am Stamm sich ansetzenden Knospen infolge reflektierter Licht- und Wärmestrahlen früher zur Entwickelung kommen, als jene an Zweigen, so ist die erste Blattentfaltung erst dann zu notieren, wenn diese Erscheinung an freien, der Luft ausgesetzten Zweigen vorkommt, die in hinreichender Entfernung vom Stamm sich befinden.

ad b. Die Zeit der allgemeinen Belaubung soll notiert werden, wenn über die Hälfte der Blätter der betreffenden Holzart entfaltet ist.

ad c. Der Beginn der Blütezeit wird dann eingetragen, wenn sich die ersten Blüten an einzelnen Exemplaren vollständig entfaltet haben, event. die Antheren (Staubbeutel) sich öffnen, das Pollen austritt, in manchen Fällen beim Schütteln stäubt.

ad d. Bezüglich der ersten Fruchtreife ist zu beachten, dass die (scheinbare) Reife nicht die Folge einer verkümmerten Entwickelung, Krankheit der Pflanze oder Insektenstichs, oder das etwaige Abfallen die Folge von Trocknis, Stürmen, Hagelschlag, Frösten etc. sei. Es ist zu notieren bei den saftigen Früchten: vollkommene und definitive Verfärbung einzelner normaler Früchte; bei den Kapselfrüchten: spontanes Aufplatzen der Kapseln. Ferner ist noch bei den Waldbäumen anzugeben, ob der Samenertrag gross, mittelmässig oder gering war, ob alle Bäume Samen trugen oder nur einzelne.

ad e. Die allgemeine Laubverfärbung wird notiert, wenn über die Hälfte der Blätter der Mehrzahl der Exemplare der betreffenden Pflanzenart eine von der normalen grünen abweichende Farbe angenommen hat. Da sich nicht alle Bäume und Sträucher gleichmässig dazu eignen, um an ihnen mit Genauigkeit sämtliche fünf erwähnten Entwickelungsphasen zu beobachten, so ist in dem unten folgenden Verzeichnis der zu beobachtenden Pflanzen bei jeder derselben bemerkt, welche Entwickelungsphasen derselben notiert werden sollen.

2. Bei landwirtschaftlichen Kulturpflanzen ist zu notieren:

    a) das Erscheinen der ersten Blüten,

    b) der Beginn der Ernte.

Die Blüte wird bei den Getreidearten durch das Hervortreten der Staubgefässe aus den Blütespelzen angedeutet. —

Alphabetische Zusammenstellung der Pflanzen,

welche sich zu phänologischen Beobachtungen eignen, nebst Angabe der bei den einzelnen Arten zu notierenden Entwickelungsphasen.

Abies excelsa, Fichte . . . . B. O. s.
Abies pectinata, Weisstanne . . . . B. O. s.
Acer platanoides, Spitzahorn . . . . e. B.

Acer Pseudoplatanus, Bergahorn . . .	e. B. — a. L. V.
Aesculus Hippocastanum, Rosskastanie	B. O. s. — a. Bel. — e. B. —. e. F. — a. L. V.
Alnus glutinosa, Schwarzerle	e. B. Austreten des Pollens.
Avena sativa, gem. Hafer	e. B. — Anfang der Ernte.
Betula pubescens Willden.	B. O. s. — e. B. Austreten des Pollens — a. L. V.
» verucosa Ehr.	B. O. s. — e. B. Austreten des Pollens — a. L. V.
Carpinus Betulus, Hainbuche . . .	B. O. s. — e. B. Verfärben der Antheren.
Corylus Avellana, Haselnuss	e. B. Stäuben der Antheren.
Crataegus oxyacantha, Weissdorn . .	e. B.
Cytisus Laburnum, Goldregen . . .	e. B.
Fagus sylvatica, Rotbuche	B. O. s. — a. Bel. — a. L. V.
Fraxinus excelsior, gem. Esche . . .	e. B.
Larix europaea, Lärche	B. O. s. — e. B. gelbe Blüten stäuben — a. L. V.
Ligustrum vulgare, gem. Liguster . .	e. B. — e. F.
Pinus sylvestris, gem. Kiefer	B. O. s. — e. B. Pollen stäubt.
Prunus avium, süsse Kirsche	e. B.
» Padus, Traubenkirsche . . .	e. B. — e. F.
» spinosa, Schlehdorn	e. B.
Pyrus communis, gem. Birne	e. B.
» Malus, gem. Apfel	e. B.
Quercus pedunculata, Stieleiche . . .	B. O. s. — Schälzeit — e. B. — a. Bel. — e. F. — a. L. V.
» sessiliflora, Traubeneiche . .	B. O. s. — Schälzeit — e. B. — a. Bel. — e. F. — a. L. V.
Ribes Grossularia, Stachelbeere . . .	e. B.
» rubrum, Johannisbeere	e. B. — e. F. (Einzelfrucht rot oder gelb).
Robinia Pseudoacacia, weisse Akazie .	e. B.
Rubus idaeus, Himbeere	e. B. — e. F.
Sambucus nigra, gem. Hollunder . .	e. B. — e. F. (Einzelfrucht ganz schwarz).
Sarothamnus vulgaris (Spartium scoparium) Besenpfrieme	e. B.
Secale cereale hibernum, Winterroggen	e. B. — Anfang der Ernte.
Sorbus aucuparia, Vogelbeere	e. B. — e. F. Einzelfrucht ganz rot, auf dem Querschnitt gelbrot, Samenschale braun — a. L. V.
Syringa vulgaris, Flieder	e. B.
Tilia grandifolia, Sommerlinde . . .	B. O. s. — e. B.
» parvifolia, Winterlinde	e. B.
Triticum vulgare hibernum, Winterweizen	e. B. — Anfang der Ernte.
Vitis vinifera, gem. Weinstock (nicht Spalierpflanze)	B. O. s. — e. B.

Auswahl der Beobachtungsbezirke und Pflanzen.

1. Was die Auswahl der für die Resultate der Beobachtung so überaus wichtigen Standorte und Expositionen betrifft, welche zu den grössten Fehlern Veranlassung geben kann, so hat sich der Beobachter den eigentlichen Sinn der zu lösenden Aufgabe klar zu machen. Es handelt sich nämlich nicht um Aufzeichnung exzeptionell früher oder später Phänomene, sondern um die Ermittelung der durchschnittlichen Verhältnisse einer Station.

Es hat daher der Beobachter, namentlich auch mit Rücksicht auf die Vergleichbarkeit mit anderen Orten, solche Wuchsorte zu bevorzugen, welche nach seinen Erfahrungen den durchschnittlichen Charakter der gesamten Umgebung am besten repräsentieren. Insbesondere sind alle abnormen Standorte (exponierte Freilagen, verschlossene Tief- und Frostlagen, steile Hänge, flachgründige Rücken, ebenso rings von Häusern und Mauern umschlossene Gärten und Gehöfte, Spaliere etc.) zu vermeiden, anderseits bei den bestandsbildenden Holzarten aber die Beobachtungspflanzen thunlichst aus dem Bestandesinnern, nicht vom Rande oder aus der Freistellung, zu nehmen.

2. Bei den Holzarten wähle man hinreichend ausgewachsene Individuen, die sich in einem mannbaren Alter befinden. Sie dürfen sich nicht durch eine besonders zeitige oder späte Entwickelung auszeichnen.

3. Für jede Station (nicht aber für den Standort der einzelnen Pflanzen) ist einleitungsweise eine generelle Charakteristik vorauszuschicken, welche enthält:

a) Lage, und zwar Meereshöhe, Exposition, wenn eine solche vorherrschend ist, Schutz gegen verschiedene Himmelsrichtungen durch vorliegende Berge, Hauptstreichungsrichtung der Thäler;

b) Boden, und zwar die physikalischen Verhältnisse im allgemeinen, namentlich in Bezug auf Bodenfeuchtigkeit und Bodenwärme, ferner die Gebirgs- und Bodenart.

B. An Tieren.

Die zur Beobachtung ausgewählten Erscheinungen des Tierlebens sind:

a) Zeit des ersten Erscheinens bezw. des letzten Gesehenwerdens einer Anzahl bekannter Zug- und Strichvögel;

b) Zeit des ersten Gesanges bezw. Rufens der Lerche, Wachtel, des Kukuks, der Turteltaube etc.;

c) Beginn der Schwärmzeit einer Reihe der wichtigsten forstschädlichen Käfer;

d) das zeitweise Vorkommen der schädlichsten Schmetterlinge und
deren Auftreten als Raupe, Puppe und Falter.

Eine besondere Angabe über die Ausführung der verschiedenen
Beobachtungen aus dem Tierleben ist überflüssig. Es ist nur nötig,
die dazu bestimmte Tabelle entsprechend auszufüllen.

Zum Zweck der Aufzeichnung der verschiedenen Beobachtungen
werden dem Beobachter alljährlich zugestellt:

1. Zwei Exemplare eines Schemas, welches die verschiedenen Erscheinungen des Pflanzen- und Tierlebens nach ihrer mittleren
chronologischen Aufeinanderfolge in Giessen enthält, und in
welches das Datum des jeweiligen Eintrittes der betreffenden
Entwickelungsphasen einzutragen ist;

2. ein Exemplar einer ebenfalls chronologisch geordneten Tabelle
in Taschenbuchformat zur Erleichterung der Aufzeichnung.

Alsbald nach Schluss des Kalenderjahres sind die Aufschreibungen
in einem Exemplar an die Versuchsanstalt einzusenden, während das
zweite Exemplar des Schemas der dienstlichen Registratur des betreffenden Beobachters einzuverleiben ist.

Die Zusammenstellung und Publikation der phänologischen Beobachtungen ist der hessischen Versuchsanstalt übertragen.

Anlage B. **Verzeichnis der forstlich-phänologischen Stationen.**

Ord.-Nr.	Namen der Stationen	Forst-verwaltungs-bezirke	Bezeichnung der Landschaft[1])	Vorwiegendes geologisches System	Mittlere Meereshöhe m
Elsass-Lothringen.					
1	Hagenau	Hagenau	Rheinthal	Diluvium	145
2	Diebolsheim	Schlettstadt	»	Alluvium	160
3	Eulenkopf	Bannstein	Bitscher Land	Vogesensandstein	210
4	Banzenheim	Hart-Nord	Rheinthal	Diluvium	222
5	Château-Salins	Château-Salins	Lothr. Hochebene	Lias und Keuper	250
6	Sierck	Kedingen	Moselthal	Muschelkalk	250
7	Porcelette	St. Avold	Lothr. Hochebene	Vogesensandstein	290
8	Mombronn	Lemberg	Bitscher Land	Keuper	340
9	Daumen	Niederbronn	Vogesen	Vogesensandstein	360
10	Walscheid	Alberschweiler	»	»	490
11	Lützelbach	Rappoltsweiler	»	Granit	500
12	Thierenbach	Sulz	»	Devon	500
13	St. Peter	Pfirt	Jura	Weisser Jura	525
14	Metzeral	Münster	Vogesen	Granit	650
15	Hirschkopf	Schirmeck	»	Grauwacke	700
16	Meierei	St. Quirin	»	Vogesensandstein	800
17	Urbeis	Kaysersberg	»	Granit	850
18	Melkerei	Barr	»	»	930
Grossherzogtum Baden.					
19	St. Leon	St. Leon	Rheinthal	Diluvium	110
20	Lahr	Lahr	»	Buntsandstein	160
21	Kenzingen	Kenzingen	»	Diluv. in der Rheinthalebene u. Buntsandstein im Gebirge (vorwiegend Diluvium)	180
22	Eppingen	Eppingen	Kraich- u. Elsenzgau	Muschelkalk und Keuper	210
23	Weinheim	Weinheim	Bergstrasse	Granit und Syenit	250
24	Ettlingen	Ettlingen	Rheinthal	Buntsandstein	260
25	Gerlachsheim	Gerlachsheim	Tauberthal	Muschelkalk	290
26	Gengenbach	Gengenbach	Kinzigthal	Granit und Gneiss	320
27	Baden-Baden	Baden	Oosthal	Buntsandstein, Granit u. Muschelkalk	350

[1]) Hier ist das Flussthal, Gebirge oder der ortsübliche Namen der Landschaft eingetragen; nur wo solche Bezeichnungen nicht aufzufinden waren, der engere politische Bezirk (Kreis).

Anlage B. **Verzeichnis der forstlich-phänologischen Stationen.**

Ord.-Nr.	Namen der Stationen	Forst-verwaltungs-bezirke	Bezeichnung der Landschaft	Vorwiegendes geologisches System	Mittlere Meereshöhe m
28	Lörrach	Lörrach	Wiesenthal	Muschelkalk	370
29	Freiburg i. B.	Freiburg	Dreisamthal	Gneiss und Granit	380
30	Waldkirch	Waldkirch	Elzthal	desgl.	400
31	Thiengen	Thiengen	Wutachthal	Muschelkalk	450
32	Kandern	Kandern	Schwarzwald	Weisser Jurakalk und Granit	500
33	Engen	Engen	Hegau	Weisser Jura	550
34	Staufen	Staufen	Schwarzwald	Gneiss u. Porphyr	700
35	Messkirch	Messkirch	Rauhe Alb	Weisser Jura	700
36	Willingen	Willingen	Schwarzwald	Muschelkalk und Buntsandstein	710
37	St. Blasien	St. Blasien	»	Granit und Gneiss	800
38	Schönau i. W.	Schönau	»	desgl.	900
39	Bonndorf	Bonndorf	»	Granit, Buntsandstein u. Muschelkalk	900
40	Todtnau	Todtnau	»	Gneiss und Granit	1000

Königreich Württemberg.

Ord.-Nr.	Namen der Stationen	Forst-verwaltungs-bezirke	Bezeichnung der Landschaft	Vorwiegendes geologisches System	Mittlere Meereshöhe m
41	Neuenstadt	Neuenstadt	Kocherthal	Muschelkalk und Keuper	250
42	Bietigheim	Bietigheim	Unterland	desgl.	250
43	Oehringen	Oehringen	Ohrngau (Unterland)	desgl.	280
44	Winnenden	Winnenden	Welzheim. Wald	Keuper	290
45	Niederstetten	Niederstetten	Hohenloh. Ebene	Muschelkalk	310
46	Zaisersweiher	Zaisersweiher	Stromberg (Unterland)	Keuper	320
47	Güglingen	Güglingen	Zabergau	»	350
48	Reutlingen	Reutlingen	Schwäb. Alb	Brauner u. weisser Jura	435
49	Lichtenstern	Lichtenstern	Löwenstein. Berge	Keuper	450
50	Hohenheim	Hohenheim	Felderebene	Lias	460
51	Geislingen	Geislingen	Schwäb. Alb	Weisser Jura	470
52	Weissenau	Weissenau	Oberschwaben	Tertiär (Gletschergebiet)	485
53	Heidenheim	Heidenheim	Aalbuch (Schwäb. Alb)	Weisser Jura	490
54	Langenau	Langenau	Schwäb. Alb	Weisser Jura und Diluvium	500

Anlage B. **Verzeichnis der forstlich-phänologischen Stationen.**

Ord.-Nr.	Namen der Stationen	Forst-verwaltungs-bezirke	Bezeichnung der Landschaft	Vorwiegendes geologisches System	Mittlere Meereshöhe m
55	Crailsheim	Crailsheim	Frankenhöhe	Muschelkalk und Keuper	500
56	Dietenheim	Dietenheim	Oberschwaben	Tertiär u. Diluvium	510
57	Neuffen	Neuffen	Schwäb. Alb.	Brauner u. weisser Jura	550
58	Herrenalb	Herrenalb	Schwarzwald	Buntsandstein	550
59	Altensteig	Altensteig	»	»	565
60	Blaubeuren	Blaubeuren	Schwäb. Alb	Weisser Jura	600
61	Ochsenhausen	Ochsenhausen	Oberschwaben	Tertiär (ältere Blockformation)	600
62	Langenbrand	Langenbrand	Schwarzwald	Buntsandstein	700
63	Schönmünzach	Schönmünzach	»	Granit, Gneiss, Buntsandstein	700
64	Justingen	Justingen	Schwäb. Alb	Weisser Jura	700
65	Tuttlingen	Tuttlingen	Heuberg	desgl.	750

Grossherzogtum Hessen; Provinz Starkenburg und Rheinhessen.

Ord.-Nr.	Namen der Stationen	Forst-verwaltungs-bezirke	Bezeichnung der Landschaft	Vorwiegendes geologisches System	Mittlere Meereshöhe m
66	Mönchhof	Mönchhof	Main-Rhein-Ebene	Diluvium	94
67	Gross-Steinheim	Zellhausen	desgl.	»	98
68	Viernheim	Viernheim	desgl.	»	100
69	Richen	Dieburg	desgl.	»	125
70	Alzey	Alzey	Rheinh. Hügelland	Tertiär	160
71	Gross-Bieberau	Lichtenberg	Gersprenzthal	Granit	162
72	Messel	Messel	Main-Rhein-Ebene	Rotliegendes	167
73	Oberklingen	Lichtenberg	Odenwald	Diluvium	190
74	Wembach	Ernsthofen	»	Granit	220
75	Dorf-Erbach	Erbach	»	Buntsandstein	230
76	Kröckelbach	Lindenfels	»	Granit	240
77	Gross-Umstadt a	Lengfeld	»	Buntsandstein	250
78	» » b	»	»	»	250
79	Heubach	»	»	»	270
80	Heisterbach	Erbach	»	»	285
81	Waldmichelbach	Waldmichelbach	»	»	360
82	Wahlen	Lindenfels	»	»	360
83	Bremhof	Vielbrunn	»	»	455

Anlage B. **Verzeichnis der forstlich-phänologischen Stationen.**

Ord.-Nr.	Namen der Stationen	Forstverwaltungs-bezirke	Bezeichnung der Landschaft	Vorwiegendes geologisches System	Mittlere Meereshöhe m
			Preuss. Rheinprovinz.		
84	Siegburg	Siebengebirge	Siegthal	Diluvium	60
85	Ahrweiler	Ahrweiler	Ahrthal	Devon	100
86	Linz a. Rh.	Linz	Rheinthal	»	122
87	Beurig	Saarburg	Saarthal	»	185
88	St. Johann	Saarbrücken	»	Kohlen- und Buntsandstein	220
89	Kyllburg	Balesfeld	Eifel	Buntsandstein	280
90	Stöckerhof	Siebengebirge	Siebengebirge	Basalt	320
91	Hürtgen bei Düren	Hürtgen	Hohe Venn	Devon	390
92	Kirchberg	Kirchberg	Hunsrück	»	400
93	Hüppelröttchen	Siebengebirge	Siebengebirge	»	420
94	Elzerath	Morbach	Idarwald	»	465
95	Neupfalz	Neupfalz	Soonwald	»	470
96	Hollerath	Schleiden	Hohe Venn	»	550
			Provinz Westfalen.		
97	Hohenholte	Münster	Münsterland	Diluvium	60
98	Sassenberg	»	»	»	60
99	Habichtswald	»	»	»	80
100	Ravensberg	Minden	Teutoburg. Wald	Jura und Kreide	200
101	Minden	»	Wiehengebirge	Jura	210
102	Obernkirchen	Obernkirchen	Bückeberg	Wealden	220
103	Wünnenberg	Wünnenberg	Sindfeld	Plänerkalk und Kohlengebirge	300
104	Neuenheerse	Neuenheerse	Eggegebirge	Muschelkalk und Kreide	300
105	Glindfeld	Glindfeld	Rothaargebirge	Devon	430
106	Lahnhof	Hainchen	Ederkopf	»	610

Anlage B. **Verzeichnis der forstlich-phänologischen Stationen.**

Ord.-Nr.	Namen der Stationen	Forstverwaltungsbezirke	Bezeichnung der Landschaft	Vorwiegendes geologisches System	Mittlere Meereshöhe m

Grossherzogtum Hessen; Provinz Oberhessen.

Ord.-Nr.	Namen der Stationen	Forstverwaltungsbezirke	Bezeichnung der Landschaft	Vorwiegendes geologisches System	Mittlere Meereshöhe m
107	Bingenheim	Bingenheim	Wetterau	Tertiär	120
108	Büdingen	Büdingen	»	Buntsandstein	136
109	Giessen	Giessen	Lahnthal	Diluvium	160
110	Ober-Rosbach	Ober-Rosbach	Wetterau	Devon	163
111	Lich	Lich	»	Basalt	180
112	Lissberg	Ortenberg	Nidderthal	»	180
113	Homberg a. O.	Homberg	Ohmthal	»	204
114	Hainbach	Hainbach	Vogelsberg	»	240
115	Finkenloch	Ortenberg	»	»	260
116	Alsfeld	Alsfeld	»	Buntsandstein und Basalt	265
117	Schwickartshausen	Ortenberg	»	Basalt	271
118	Greifenhain	Eudorf	»	Buntsandstein und Basalt	300
119	Wenings	Büdingen	»	Basalt	350
120	Wahlen	Wahlen	»	Buntsandstein	350
121	Stockhausen	Stockhausen	»	Buntsandstein und Basalt	350
122	Gedern	Gedern	»	Basalt	370
123	Grebenau	Grebenau	»	Buntsandstein	380
124	Grebenhain	Grebenhain	»	Basalt	450
125	Rudingshain	Rudingshain	»	».	600

Provinz Hessen-Nassau.

Ord.-Nr.	Namen der Stationen	Forstverwaltungsbezirke	Bezeichnung der Landschaft	Vorwiegendes geologisches System	Mittlere Meereshöhe m
126	Wolfgang	Wolfgang	Mainthal	Diluvium	120
127	Eltville	Eltville	Rheinthal	Devon	200
128	Diez a. Lahn	Diez	Lahnthal	»	250
129	Johannisburg	Johannisburg	Westerwald	»	320
130	Alt-Morschen	Morschen	Fuldathal	Buntsandstein	350
131	Biedenkopf	Katzenbach	Hinterland	Devon	400
132	Frankenau	Frankenau	Ederberge	»	430
133	Flörsbach	Flörsbach	Spessart	Buntsandstein	440
134	Oberems	Oberems	Taunus	Devon	450
135	Hilders	Hilders	Rhön	Buntsandstein und Basalt	500
136	Germerode	Meissner	Meissner	desgl.	500
137	Driedorf	Driedorf	Westerwald	Tertiär mit Basalt-Durchbrüchen	550

Anlage B. **Verzeichnis der forstlich-phänologischen Stationen.**

Ord.-Nr.	Namen der Stationen	Forstverwaltungsbezirke	Bezeichnung der Landschaft	Vorwiegendes geologisches System	Mittlere Meereshöhe m
			Thüringen.		
138	Weimar	Ettersburg(S.W.)	Ilmthal	Muschelkalk	210
139	Weissenburg	Weissenburg (S.-M.)	Saalethal	Buntsandstein	210
140	Ernsee	Ernsee (R. j. L.)	Elsterthal	»	230
141	Tautenburg	Tautenburg (S.-W.)	Saaleberge	Muschelkalk	250
142	Seega	Seega (S.-R.)	Hainleite	Buntsandstein	250
143	Gera	Gera (R. j. L.)	Elsterthal	»	250
144	Bebra b. Sondh.	Bebra (S.-S.)	Hainleite	Muschelkalk	260
145	Arnstadt	Arnstadt (S.-S.)	Gerathal	»	320
146	Heldburg	Heldburg (S.-M.)	Franken	Keuper	340
147	Frauensee	Frauensee(S.-W.)	Thüringer Wald	Buntsandstein	340
148	Saalburg	Saalburg (R. j. L.)	Vogtland	Silur	340
149	Oberspier	Oberspier (S.-S.)	Hainleite	Muschelkalk	350
150	Rathsfeld	Thaleben (S.-R.)	Kyffhäuser	Zechstein	380
151	Pöllwitz	Pöllwitz (R. j. L.)	Vogtland	Ober-Cambrium	435
152	Lehmannsbrück	Lehmannsbrück (Schw.-Sondh.)	Thüringer Wald	Melaphyr	440
153	Heyda	Heyda (S.-W.)	desgl.	Buntsandstein	445
154	Wilhelmsthal	Wilhelmsthal (S.-Weimar)	desgl.	Rotliegendes	470
155	Ernstthal	Ernstthal (S.-M.)	desgl.	Phyllit. Schiefer u. Porphyr	490
156	Heinrichsruh	Heinrichsruh (Reuss j. L.)	Vogtland	Devon	510
157	Mürschnitz	Sonneberg(S.-M.)	Thüringer Wald	Culm	560
158	Erbenhausen	Erbenhausen (S.-Weimar)	Rhön	Basalt und Buntsandstein	620
159	Rodacherbrunn	Rodacherbrunn (Reuss j. L.)	Thüringer Wald	Oberer Culm	682
160	Hasenthal	Hasenthal(S.-M.)	desgl.	Silur und Devon	635
161	Neustadt am Rennsteig	Ernstthal (S.-M.)	desgl.	Rotliegendes und phyllit. Schiefer	750

Anlage B. **Verzeichnis der forstlich-phänologischen Stationen.**

Ord.-Nr.	Namen der Stationen.	Forst-verwaltungs-bezirke	Bezeichnung der Landschaft	Vorwiegendes geologisches System	Mittlere Meereshöhe m

Preuss. Provinz Sachsen.

Ord.-Nr.	Namen der Stationen.	Forst-verwaltungs-bezirke	Bezeichnung der Landschaft	Vorwiegendes geologisches System	Mittlere Meereshöhe m
162	Magdeburg	Biederitz	Elbniederung	Alluvium	45
163	Rosenfeld	Rosenfeld	»	»	80
164	Clötze	Clötze	Altmark	Diluvium	80
165	Tornau	Tornau	Dübener Heide	»	120
166	Königsthal	Königsthal	Goldene Aue	Buntsandstein	200
167	Bliedungen (I)	»	desgl.	»	215
168	Freyburg a. U.	Freyburg	Unstrutthal	Muschelkalk und Buntsandstein	210
169	Eichenberg	Erfurt	Kr. Erfurt	Muschelkalk	300
170	Friedrichsrode	Lohra	Hainleite	»	350
171	Annarode	Annarode	Unterharz	Rotliegendes	370
172	Dietzhausen	Dietzhausen	Thüringer Wald	Buntsandstein	450
173	Schwarza	Schwarza	desgl.	»	450
174	Kühndorf	»	desgl.	»	450
175	Schmiedefeld	Schmiedefeld	desgl.	Porphyr	700

Herzogtum Braunschweig.

Ord.-Nr.	Namen der Stationen.	Forst-verwaltungs-bezirke	Bezeichnung der Landschaft	Vorwiegendes geologisches System	Mittlere Meereshöhe m
176	Riddagshausen	Wendhausen	Ausläufer d. sub-hercynischen Hügellandes	Lias und Alluvium	75
177	Marienthal	Marienthal	desgl.	Grenzschichten von Keuper (Rhät) und Lias	143
178	Scharfoldendorf	Halle	Wesergebirge (Jth)	Jura	170
179	Lichtenberg	Lichtenberg	Wie zu 176 u. 177	Muschelkalk	190
180	Harzburg	Harzburg	Nördl. Harzrand	Devon	241
181	Heimburg	Heimburg	desgl.	Devon und Trias	260
182	Walkenried	Walkenried	Südl. Harzrand	Dyas	262
183	Allrode	Stiege	Unterharzplateau	Devon	390
184	Hasselfelde	Wendefurth	»	»	400
185	Todtenrode	Wienrode	»	„	422
186	Schiesshaus	Merxhausen	Solling	Buntsandstein	435
187	Braunlage	Braunlage	Unterharz	Granit und Devon	565
188	Hohegeiss	Hohegeiss	»	Devon	590

Anlage B. **Verzeichnis der forstlich-phänologischen Stationen.**

Ord.-Nr.	Namen der Stationen	Forst-verwaltungs-bezirke	Bezeichnung der Landschaft	Vorwiegendes geologisches System	Mittlere Meereshöhe m

Provinz Hannover.

Ord.-Nr.	Namen der Stationen	Forst-verwaltungs-bezirke	Bezeichnung der Landschaft	Vorwiegendes geologisches System	Mittlere Meereshöhe m
189	Schoo	Aurich	Ostfriesland	Diluvium	3
190	Aurich	»	»	»	10
191	Lintzel	Lintzel	Lüneburg.Haide	»	95
192	Saupark	Springe	Deister	Wealden	100
193	Wardböhmen	Wardböhmen	Lüneburg.Haide	Diluvium	120
194	Escherode	Escherode	Kaufunger Wald	Buntsandstein	380
195	Altenau	Altenau	Oberharz	Culm	650
196	Sonnenberg	St. Andreasberg	»	Granit	770

Provinz Schleswig-Holstein.

197	Ulfshuus	Hadersleben	Nordschleswig	Diluvium	30
198	Reinfeld	Reinfeld	Kr. Stormarn	»	40

Provinz Pommern.

199	Torgelow	Torgelow	Vorpommern	Diluvium	10
200	Grammentin	Grammentin	»	»	55
201	Rothenfier	Rothenfier	Kr. Naugard	»	56
202	Pflanzgarten	Mühlenbeck	» Greifenhagen	»	80
203	Claushagen	Claushagen	Hinterpommern	»	180
204	Zerrin	Zerrin	»	»	220

Provinz Brandenburg.

205	Rüthnick	Rüthnick	Mittelmark	Diluvium	30
206	Schönwalde	Schönwalde	»	»	40
207	Eberswalde	Eberswalde	»	»	40
208	Cappe	Zehdenick	Uckermark	»	50
209	Dippmannsdorf	Dippmannsdorf	Mittelmark	»	60
210	Woltersdorf	Woltersdorf	»	»	60
211	Neuhaus	Neuhaus	Neumark	»	100

Anlage B. **Verzeichnis der forstlich-phänologischen Stationen.**

Ord. Nr.	Namen der Stationen	Forst-verwaltungs-bezirke	Bezeichnung der Landschaft	Vorwiegendes geologisches System	Mittlere Meereshöhe m
			Provinz Schlesien.		
212	Kottwitz	Kattowitz	Oderthal	Diluv. u. Alluvium	100
213	Rogelwitz	Rogelwitz	»	desgl.	130
214	Klein-Briesen	Ottmachau	Neissethal	Diluvium	130
215	Friedrichsthal	Murow	Kr. Oppeln	»	140
216	Althammer	Stoberau	» Brieg	»	150
217	Proskau I	Proskau	Oberschl. Ebene	»	160
218	» II	»	desgl.	»	160
219	Paruschowitz	Rybnick	Kr. Oppeln	»	260
220	Nesselgrund	Nesselgrund	Glatzer Gebirge	Cenomaner Quadersandstein	550
221	Carlsberg	Carlsberg	Heuscheuer	desgl. u. Kalkstein	690
222	Ullersdorf	Ullersdorf	»	Felsitporphyr	700
			Provinz Posen.		
223	Lohhecken	Ludwigsberg	Warthe-Niederung	Diluvium	90
224	Eichquast	Obornick	» »	»	90
225	Rosengrund	Rosengrund	Weichsel- »	»	95
226	Mirau	Mirau	Netze- »	»	95
227	Brätz	Brätz	Warthe- »	Tertiär	100
			Provinz Westpreussen.		
228	Leszno	Strembaczno	Kr. Thorn	Diluvium	70
229	Oliva	Oliva	» Danzig	»	100
230	Landeck	Landeck	» Schlochau	»	130
231	Mirchau	Mirchau	» Karthaus	»	220
			Provinz Ostpreussen.		
232	Pfeil	Pfeil	Kr. Labiau	Diluvium	5
233	Neu-Sternberg	Neu-Sternberg	» »	»	10
234	Ibenhorst	Ibenhorst	» Heydekrug	»	10
235	Dingken	Dingken	» Tilsit	»	15
236	Fritzen	Fritzen	» Fischhausen	»	30
237	Födersdorf	Födersdorf	» Braunsberg	»	45
238	Brödlauken	Brödlauken	» Insterburg	»	50
239	Sadlowo	Sadlowo	» Rössel	»	100
240	Rothebude	Rothebude	» Goldap	»	120
241	Kurwien	Kurwien	» Johannisburg	»	124
242	Ratzeburg	Ratzeburg	» Ortelsburg	»	140

Anlage B. Nachtrag zum Verzeichnis

Ord.-Nr.	Namen der Stationen	Forst-verwaltungs-bezirk	Bezeichnung der Landschaft	Vorwiegendes geologisches System	Mittlere Meereshöhe m
Königreich Bayern.					
Reg.-Bez. Oberbayern, Schwaben und Neuburg.					
1	Burghausen	Burghausen	Salzachthal	Diluvium	350
2	Tapfheim	Unterliezheim	Schwäb.-bayr. Hochebene	»	485
3	Biberachzell	Biberachzell	desgl.	»	499
4	Kranzberg	Freising	Bayr. Hochebene	»	507
5	Seeshaupt	Seeshaupt	desgl.	»	554
6	Kirchdorf	Mindelheim	Schwäb.-bayr. Hochebene	»	642
7	Ramsau	Ramsau	desgl.	Quartär	666
8	Ottobeuren	Ottobeuren	desgl.	Diluvium	707
Reg.-Bez. Niederbayern, Oberpfalz und Regensburg.					
9	Rehschaln	Seestetten	Donauthal	Quartär	330
10	Schottenhof	Kelheim	»	Jura	347
11	Erbendorf	Riglasreuth	Fichtelgebirge	Granit	459
12	Schwarzach	Schwarzach	Bayr. Wald	Gneiss	1002
Reg.-Bez. Ober-, Mittel- und Unterfranken.					
13	Schnaitach	Schnaitach	Fränk. Jura	Lias	306
14	Bramberg	Gossmannsdorf	Hassberge	Keuper	320
15	Kothen	Kothen	Rhön	Buntsandstein	352
16	Rothenbuch	Rothenbuch	Spessart	»	382
17	Grimmschwinden	Grimmschwinden	Frankenhöhe	Keuper	438
18	Nordhalben	Nordhalben	Frankenwald	Devon	604
19	Bischofsgrün	Bischofsgrün	Fichtelgebirge	Granit	679
Reg.-Bez. Pfalz.					
20	Scheibenhard	Scheibenhard	Rheinthal	Diluvium	140
21	Erlenbrunn	Erlenbrunn	Westrich	Buntsandstein	440
22	Dannenfels	Kirchheim-bolanden	Donnersberg	Rothliegendes	525

der forstlich-phänologischen Stationen.

Ord.-Nr.	Namen der Stationen	Forst-bezirke	Bezeichnung der Landschaft	Vorwiegendes geologisches System	Mittlere Meereshöhe [m
			Königreich Sachsen.		
23	Pirna	Schandau	Elbthal	Kreide	120
24	Dresden-Neust.	Dresden	»	Diluvium	125
25	Altgeringswalde	Grimma	Sächs. Mittel-gebirge	Höhenlehm auf Ar-chaeicum	240
26	Elstra	Moritzburg	Oberlausitz	Löss auf Diluvial-schotter und con-tactmetamorpher Grauwacke	250
27	Oberrossau	Zschopau	Sächs. Mittel-gebirge	Höhenlehm auf Ar-chaeicum	340
28	Reichstein	Schandau	Sächs. Schweiz	Kreide	350
29	Markersbach	»	Erzgebirge	Krystallinische Schiefer und Granit, auf beiden stellen-weise Quader	377
30	Ebersbach	Zittau	Oberlausitz	Diluvium a. Granit	380
31	Plauen	Auerbach	Voigtland	Silur und Devon	400
32	Schönbrunn	Marienberg	Erzgebirge	Gneis	400
33	Steinigtwolmsdorf	Schandau	Oberlausitz	Granit	420
34	Rosenthal	»	Sächs. Schweiz	Kreide	450
35	Neustadt	»	Oberlausitz	Granit	450
36	Pöhla	Schwarzenberg	Erzgebirge	Krystall. Schiefer	500
37	Reiboldsruhe	Auerbach	Voigtland	Culm, auch Silur u. Devon	520
38	Hirschsprung	Bärenfels	Erzgebirge	Porphyr	550
39	Zöblitz	Marienberg	»	Gneis	580
40	Olbernhau	»	»	»	620
41	Elterlein	Schwarzenberg	»	Krystall. Schiefer	625
42	Tannenbergsthal	Auerbach	Voigtland	Granit	690
43	Grossrückerswalde	Marienberg	Erzgebirge	Gneis	700
44	Reitzenhain	»	»	»	770
45	Oberwiesenthal	Schwarzenberg	»	Krystall. Schiefer	840

Anlage C. **Hauptübersicht**

Ordn.-Nr.	Station	Meereshöhe m	Blattoberfläche sichtbar								
			Lärche	Birke	Hain-buche	Buche	Stieleiche	Trauben-eiche	Tanne	Fichte	Kiefer
											Elsass-
1	Hagenau	145	13.4	21.4	21.4	23 4	30.4	1.5	8.5	7.5	15.5
2	Diebolsheim	160	—	18.4	18.4	—	22.4	27.4	—	—	—
	Durchschnitt	**153**	—	**20.4**	**20 4**	—	**26.4**	**29.4**	—	—	—
3	Eulenkopf	210	12 4	23.4	20.4	27.4	4.5	4.5	10.5	9.5	12.5
4	Banzenheim	222	—	—	19.4	—	3.5	—	—	6.5	14.5
5	Chateau-Salins	250	—	—	22.4	26.4	30.4	1.5	—	—	—
6	Sierck	250	15.4	18.4	22.4	23.4	3.5	3.5	7.5	7.5	13.5
7	Porcelette	290	10.4	18.4	15.4	24.4	29.4	30.4	—	3.5	9.5
8	Mombronn	340	1.4	18.4	23.4	24.4	2.5	3.5	—	—	—
9	Daumen	360	10.4	19.4	18.4	22.4	29.4	28 4	4.5	2.5	8.5
	Durchschnitt	**275**	**10.4**	**19.4**	**20.4**	**24.4**	**1.5**	**2.5**	**7.5**	**5.5**	**11.5**
10	Walscheid	490	13.4	19 4	25.4	26.4	7.5	10.5	11 5	10.5	21.5
11	Lützelbach	500	16.4	—	24.4	25.4	27.4	1.5	7.5	2.5	10.5
12	Thierenbach	500	12.4	19.4	18.4	26.4	27 4	27.4	8.5	3.5	8.5
13	St. Peter	525	19.4	30.4	29 4	26.4	15.5	15 5	18.5	14.5	20 5
	Durchschnitt	**504**	**15.4**	**23.4**	**24.4**	**26.4**	**4.5**	**6.5**	**11.5**	**7.5**	**15.5**
14	Metzeral	650	22.4	28.4	24.4	30.4	9.5	8.5	20.5	14.5	—
15	Hirschkopf	700	22.4	26.4	25.5	25.4	12.5	—	24.5	11.5	—
16	Meierei	800	—	28.4	—	3.5	—	9,5	13.5	19.5	17.5
	Durchschnitt	**717**	**22.4**	**27.4**	**25.4**	**29.4**	**11.5**	**9.5**	**19.5**	**15.5**	**17.5**
17	Urbeis	850	8.5	1.5	—	4.5	—	—	18.5	16.5	19.5
18	Melkerei	930	17.4	—	—	3.5	—	—	19.5	21.5	—
	Durchschnitt	**890**	**28.4**	—	—	**4.5**	—	—	**19.5**	**19.5**	—

1) Das Datum des „Erstfrühlings" ist als arithmetisches Mittel aus denjenigen der Birke, Hainbuche, Buche, Stiel- und Traubeneiche berechnet. Ebenso der „Voll- und Kiefer.

2) „Vegetationsdauer" ist die Anzahl von Tagen, welche zwischen „Erstfrühling"

3) Als „Spätherbst" ist das Mitteldatum der allgemeinen Laubverfärbung von Vogel-

der Pflanzenbeobachtungen.

| Erste Blüte | | | | | | | Erste Frucht | | Frühling[1] | | Vegetationsdauer[2] | Spätherbst[3] | Ordn.-Nr. |
Schwarzerle	Spitzahorn	Vogelkirsche	Bergahorn	Kiefer	Sommerlinde	Winterlinde	Stieleiche	Traubeneiche	Erst-	Voll-			
Lothringen.													
15.3	16.4	17.4	6.5	18.5	14.6	17 6	18.9	21.9	22.4	11.5	173	12.10	1
20.3	—	17.4	—	—	—	—	22.9	23.9	20.4	—	181	18.10	2
18.3	—	**17.4**	—	—	—	—	**20.9**	**22.9**	**21.4**	—	**177**	**15.10**	
16.3	—	22.4	—	18.5	—	29.6	—	—	25.4	12.5	171	13.10	3
—	—	14 4	—	17.5	—	27.6	27.9	—	22.4	12.5	170	9.10	4
—	—	16.4	30.4	—	21.6	29.6	—	—	25.4	—	173	15.10	5
24.3	—	19.4	—	19.5	20.6	25.6	24 9	26.9	23 4	12.5	170	10.10	6
13.3	—	17.4	—	13.5	—	—	—	24.9	20.4	8.5	176	13.10	7
—	—	20.4	—	24.5	—	—	—	—	22.4	—	188	27.10	8
20.3	15.4	17.4	30.4	15.5	21.6	25.6	16 9	—	20.4	6.5	171	8.10	9
18.3	**15.4**	**18.4**	**30.4**	**18.5**	**21.6**	**27.6**	**22.9**	**25.9**	**22.4**	**10.5**	**175**	**14.10**	
20.3	—	20.4	3.5	23 5	—	—	—	30.9	26.4	14.5	170	13.10	10
11.3	22.4	20 4	3.5	17.5	8 6	—	—	—	24.4	8.5	176	17.10	11
18.3	16.4	19.4	1.5	14.5	15.6	18.6	22.9	23.9	21.4	7.5	172	10.10	12
21.3	16.4	27.4	15.5	26.5	5 7	3.7	4.10	4.10	30 4	19 5	160	7.10	13
18.3	**18.4**	**22.4**	**6.5**	**20.5**	**19.6**	**26.6**	**28.9**	**29.9**	**25.4**	**12.5**	**170**	**12.10**	
17.3	22.4	27.4	9.5	—	29.6	—	—	—	29.4	14.5	174	20.10	14
24.3	22.4	25.4	9.5	28.5	28.6	3.7	6.10	—	27.4	18.5	167	11.10	15
27.3	—	26.4	—	21.5	—	—	—	—	2.5	18.5	172	21.10	16
23.3	**22.4**	**26.4**	**9.5**	**25.5**	**29.6**	—	—	—	**29.4**	**17.5**	**171**	**17.10**	
24.3	—	24.4	8.5	27.5	—	—	—	—	2.5	18.5	160	9.10	17
—	—	12 5	18.5	—	—	—	—	—	1.5	19.5	179	27.10	18
—	—	**3.5**	**13.5**	—	—	—	—	—	**2.5**	**19.5**	**169**	**18.10**	

ersten Blüte von Spitzahorn und Vogelkirsche sowie des Blattausbruchs von Lärche, frühling" aus Blüte von Bergahorn und Kiefer und Blattausbruch von Fichte, Tanne

und „Spätherbst" verstreichen.
beerbaum, Rosskastanie, Buche, Lärche, beiden Birken- und Eichenarten verzeichnet.

Anlage C. **Hauptübersicht**

Ordn.-Nr.	Station	Meereshöhe m	Blattoberfläche sichtbar								
			Lärche	Birke	Hain-buche	Buche	Stieleiche	Trauben-eiche	Tanne	Fichte	Kiefer
											Grossherzog
19	St. Leon	110	7.4	16.4	14.4	19.4	30.4	30.4	—	—	5.5
20	Lahr	160	9.4	18.4	15.4	21.4	24.4	27.4	10.5	3.5	9.5
21	Kenzingen	180	15.4	18.4	17.4	21.4	3.5	3.5	12.5	7.5	10.5
	Durchschnitt	**150**	**10.4**	**17.4**	**15.4**	**20.4**	**29.4**	**30.4**	**11.5**	**5.5**	**8.5**
22	Eppingen	210	11.4	18.4	16.4	24.4	30.4	30.4	8.5	5.5	13.5
23	Weinheim	250	9.4	16.4	18.4	22.4	29.4	29.4	7.5	3.5	8.5
24	Ettlingen	260	14.4	16.4	20.4	20.4	—	30.4	9.5	8.5	13.5
25	Gerlachsheim	290	13.4	20.4	18.4	26.4	4.5	4.5	14.5	8.5	22.5
26	Gengenbach	320	7.4	14.4	—	17.4	23.4	23.4	2.5	2.5	—
27	Baden-Baden	350	9.4	19.4	19.4	13.4	23.4	23.4	30.4	30.4	7.5
28	Lörrach	370	10.4	—	22.4	24.4	24.4	—	5.5	—	—
29	Freiburg	380	13.4	16.4	18.4	19.4	20.4	22.4	8.5	2.5	8.5
30	Waldkirch	400	—	—	—	21.4	26.4	26.4	8.5	6.5	—
	Durchschnitt	**314**	**11.4**	**17.4**	**19.4**	**21.4**	**26.4**	**27.4**	**6.5**	**4.5**	**12.5**
31	Thiengen	450	12.4	21.4	21.4	25.4	2.5	—	9.5	3.5	19.5
32	Kandern	500	10.4	21.4	22.4	19.4	29.4	29.4	—	—	—
33	Engen	550	27.4	2.5	4.5	1.5	11.5	12.5	20.5	16.5	—
	Durchschnitt	**500**	**16.4**	**25.4**	**26.4**	**25.4**	**4.5**	**6.5**	**15.5**	**10.5**	**—**
34	Staufen	700	12.4	25.4	21.4	22.4	3.5	6.5	8.5	8.5	16.5
35	Messkirch	700	29.4	5.5	4.5	11.5	19.5	—	23.5	20.5	29.5
36	Villingen	710	25.4	6.5	—	11.5	20.5	20.5	26.5	23.5	27.5
37	St. Blasien	800	2.5	9.5	—	4.5	—	—	—	—	—
	Durchschnitt	**737**	**26.4**	**4.5**	**28.4**	**6.5**	**14.5**	**18.5**	**19.5**	**17.5**	**24.5**
38	Schönau i. V.	900	25.4	22.4	4.5	29.4	9.5	10.5	—	—	29.5
39	Bonndorf	900	26.4	11.5	—	11.5	—	—	27.5	25.5	—
40	Todtnau	1000	27.4	26.4	8.5	6.5	—	—	22.5	20.5	—
	Durchschnitt	**933**	**26.4**	**30.4**	**6.5**	**5.5**	**—**	**—**	**25.5**	**23.5**	**—**

der Pflanzenbeobachtungen.

Erste Blüte							Erste Frucht		Erst- Frühling	Voll- Frühling	Vegetations-dauer	Spätherbst	Ordn.-Nr.
Schwarz-erle	Spitz-ahorn	Vogel-kirsche	Berg-ahorn	Kiefer	Sommer-linde	Winter-linde	Stieleiche	Trauben-eiche					
tum Baden.													
—	—	14.4	—	14.5	—	—	—	—	19.4	10.5	173	9.10	19
19.3	17.4	17.4	5.5	18.5	20.6	24.6	1.10	4.10	19.4	9.5	170	6.10	20
16.3	15.4	17.4	2.5	15.5	22.6	24.6	20.9	22.9	21.4	9 5	172	10.10	21
18.8	**16.4**	**16.4**	**4.5**	**16.5**	**21.6**	**24.6**	**26.9**	**28.9**	**20.4**	**9.5**	**172**	**8 10**	
—	—	17.4	—	—	19.6	—	18.9	18.9	21.4	9.5	174	12.10	22
18.3	14.4	15.4	29.4	10.5	17.6	20.6	28.9	30.9	19.4	5.5	172	8.10	23
11.3	—	—	3.5	—	—	—	—	—	20.4	8.5	179	16.10	24
—	—	21.4	—	18.5	16.6	1.7	26.9	27.9	24.4	16.5	174	15.10	25
11.3	—	14.4	—	—	—	—	—	—	16.4	—	179	12.10	26
19.3	12.4	14.4	30.4	12.5	13.6	15.6	22.9	22.9	17.4	4.5	176	10.10	27
—	—	16.4	—	15.5	16.6	—	11.10	—	19.4	10.5	181	17.10	28
2.3	12.4	13.4	25.4	12.5	16.6	27.6	25.9	29.9	17.4	4.5	174	8.10	29
—	—	19.4	—	—	14.6	20.6	—	—	23.4	7.5	175	15.10	30
12 3	**13.4**	**16.4**	**29.4**	**13.5**	**16.6**	**23.6**	**27.9**	**25.9**	**20.4**	**8.5**	**176**	**13.10**	
26.3	19.4	21.4	2.5	22.5	29.6	2.7	23.9	—	22 4	11.5	174	13.10	31
12.3	—	18.4	1.5	17.5	23.6	—	—	—	21.4	9.5	175	13.10	32
—	—	26.4	10.5	19.5	27.6	3.7	26.9	28.9	3.5	16.5	165	15.10	33
19.3	—	**22.4**	**4.5**	**19.5**	**26.6**	**2.7**	**25.9**	—	**25.4**	**12.5**	**172**	**14.10**	
16.3	18.4	21.4	6.5	18.5	26.6	28.6	—	—	24.4	11.5	173	14.10	34
26.3	—	4.5	16.5	28.5	13.7	13.7	28.9	—	7.5	23.5	155	9.10	35
8.4	4.5	5.5	20.5	1.6	10.7	12.7	—	—	9.5	25.5	148	4.10	36
—	27.4	7.5	—	—	—	—	—	—	4.5	—	165	16.10	37
25.3	**27.4**	**2.5**	**14.5**	**26.5**	**6 7**	**8.7**	—	—	**3.5**	**20.5**	**162**	**14.10**	
—	—	18 4	7.5	—	—	5.7	—	—	30.4	14.5	162	9 10	38
—	—	12.5	20.5	4.6	10.7	—	—	—	8.5	27.5	153	8.10	39
2.4	—	24 4	12.5	—	5.7	—	—	—	30.4	18.5	161	8.10	40
—	—	**28.4**	**13.5**	—	**8.7**	—	—	—	**3.5**	**20.5**	**159**	**8.10**	

Anlage C.. **Hauptübersicht**

Ordn.-Nr.	Station	m Meereshöhe	Blattoberfläche sichtbar								
			Lärche	Birke	Hain-buche	Buche	Stieleiche	Trauben-eiche	Tanne	Fichte	Kiefer
											Königreich
41	Neuenstadt	250	12.4	19.4	20.4	22.4	29.4	29.4	12.5	6.5	15.5
42	Bietigheim	250	17.4	22.4	26.4	29.4	5.5	5.5	—	5.5	12.5
43	Öhringen	280	12.4	17.4	22.4	24.4	30.4	30.4	6.5	7.5	13.5
44	Winnenden	290	12.4	19.4	21.4	25.4	29.4	29.4	8.5	6.5	12.5
45	Niederstetten	310	21.4	22.4	25.4	29.4	4.5	5.5	15.5	15.5	—
46	Zaisersweiher	320	14.4	23.4	25.4	1.5	8.5	8.5	16.5	13.5	17.5
47	Güglingen	350	22.4	26.4	5.5	2.5	3.5	3.5	9.5	10.5	11.5
	Durchschnitt	**293**	**16.4**	**21.4**	**25.4**	**27.4**	**3.5**	**3.5**	**11.5**	**9.5**	**13.5**
48	Reutlingen	435	18.4	26.4	26.4	30.4	6.5	6.5	—	7.5	—
49	Lichtenstern	450	18.4	23.4	—	25.4	2.5	—	—	—	21.5
50	Hohenheim	460	14.4	24.4	25.4	27.4	3.5	4.5	9.5	7.5	16.5
51	Geislingen	470	20.4	29.4	—	30.4	10.5	—	13.5	8.5	25.5
52	Weissenau	485	17.4	23.4	22.4	25.4	1.5	2.5	11.5	6.5	—
53	Heidenheim	490	24.4	30.4	2.5	2.5	13.5	—	18.5	15.5	24.5
54	Langenau	500	16.4	25.4	28.4	1.5	8.5	—	20.5	16.5	21.5
55	Crailsheim	500	25.4	30.4	1.5	3.5	9.5	9.5	20.5	15.5	25.5
56	Dietenheim	510	22.4	1.5	3.5	4.5	11.5	—	—	15.5	—
57	Neuffen	550	—	—	24.4	23.4	—	—	—	—	—
58	Herrenalb	550	13.4	22.4	25.4	24.4	4.5	4.5	14.5	5.5	17.5
59	Altensteig	565	21.4	3.5	—	6.5	—	—	20.5	13.5	25.5
	Durchschnitt	**497**	**19.4**	**27.4**	**27.4**	**29.4**	**7.5**	**5.5**	**16.5**	**11.5**	**22.5**
60	Blaubeuren	600	22.4	29.4	—	5.5	11.5	12.5	—	—	—
61	Ochsenhausen	600	24.4	29.4	—	4.5	13.5	—	20.5	15.5	29.5
62	Langenbrand	700	20.4	30.4	1.5	5.5	—	9.5	23.5	16.5	14.5
63	Schönmünzach	700	—	2.5	—	7.5	—	—	27.5	23.5	30.5
64	Justingen	700	28.4	2.5	2.5	4.5	15.5	15.5	19.5	16.5	23.5
65	Tuttlingen	750	17.4	—	—	3.5	—	—	19.5	21.5	28.5
	Durchschnitt	**676**	**22.4**	**30.4**	**2.5**	**5.5**	**13.5**	**12.5**	**22.5**	**18.5**	**25.5**

der Pflanzenbeobachtungen.

Erste Blüte							Erste Frucht		Erst-Frühling	Voll-Frühling	Vegetationsdauer	Spätherbst	Ordn.-Nr.
Schwarzerle	Spitzahorn	Vogelkirsche	Bergahorn	Kiefer	Sommerlinde	Winterlinde	Stieleiche	Traubeneiche					

Württemberg.

Schwarzerle	Spitzahorn	Vogelkirsche	Bergahorn	Kiefer	Sommerlinde	Winterlinde	Stieleiche	Traubeneiche	Erst-Frühling	Voll-Frühling	Vegetationsdauer	Spätherbst	Ordn.-Nr.
14.3	16.4	17.4	30.4	18.5	23.6	26.6	15.9	15.9	21.4	10.5	170	8.10	41
29.3	—	24.4	—	22.5	1.7	6.7	8.10	8 10	27.4	13.5	154	28.9	42
19.3	—	18.4	4.5	14.5	26.6	26.6	27.9	30.9	22.4	9.5	175	14.10	43
16.3	—	18.4	5.5	16.5	5.7	11.7	2.10	2.10	20.4	9.5	174	11.10	44
23.3	24.4	23.4	11.5	—	21 6	23.6	9.10	9.10	27.4	14.5	169	13.10	45
25.3	22.4	20 4	9.5	21.5	—	27.6	23.9	23.9	26.4	15.5	169	12.10	46
18.4	1.5	23.4	—	20.5	21.6	—	23.9	—	30.4	13.5	161	8.10	47
25.3	**23.4**	**20.4**	**6.5**	**19.5**	**26.6**	**30.6**	**28.9**	**30.9**	**25.4**	**12.5**	**167**	**9.10**	
28.3	—	28.4	—	—	2.7	5.7	8.10	8.10	28.4	—	171	16.10	48
—	—	24.4	—	24.5	—	—	—	—	24.4	23.5	149	20.9	49
20.3	18.4	22.4	1.5	17.5	28 6	3.7	22.9	24.9	25.4	10.5	170	12.10	50
—	—	28.4	3.5	29.5	28.6	—	—	—	29.4	16.5	166	12.10	51
21.3	—	23.4	30.4	18.5	22.6	27.6	22.9	22.9	25.4	9.5	174	16.10	52
7.4	27.4	2.5	14.5	27.5	5.7	15.7	—	—	1.5	20 5	163	11.10	53
27.3	—	26.4	—	—	10.7	13.7	7.10	—	27.4	19.5	166	10.10	54
3.4	30.4	1.5	—	28.4	6.7	11.7	28.9	28.9	2.5	22.5	162	11.10	55
24.3	—	2.5	—	—	—	13.7	—	—	2.5	—	162	11.10	56
—	—	23.4	—	—	—	—	—	—	23.4	—	157	27.9	57
—	—	28.4	—	22.5	—	—	—	—	26.4	12.5	168	11.10	58
—	—	30.4	—	27.5	24.6	27.6	—	—	30.4	21.5	166	13.10	59
27.3	**25.4**	**27.4**	**5.5**	**20.5**	**1.7**	**7.7**	**29.9**	**28.9**	**28.4**	**17.5**	**165**	**9.10**	
—	22.4	4.5	8.5	29.5	6.7	16.7	—	—	2.5	18.5	160	9.10	60
5.4	—	6 5	—	—	—	—	—	—	3.5	21.5	160	10.10	61
—	—	6.5	—	29.5	5.7	—	—	—	2.5	21.5	159	8.10	62
28.3	—	29.4	11.5	4.6	—	—	—	—	3.5	25.5	168	18.10	63
—	30.4	4.5	12.5	27.5	2.7	4.7	29.9	29.9	5.5	19.5	151	3.10	64
—	—	2.5	—	—	—	—	—	—	2.5	23.5	154	3.10	65
2.4	**26 4**	**4.5**	**10 5**	**30 5**	**4.7**	**10.7**	—	—	**3.5**	**21.5**	**159**	**9 10**	

Anlage C. **Hauptübersicht**

Ordn.-Nr.	Station	m Meereshöhe	Blattoberfläche sichtbar								
			Lärche	Birke	Hain-buche	Buche	Stieleiche	Trauben-eiche	Tanne	Fichte	Kiefer
									Grossherzogtum Hessen; Prov.		
66	Mönchhof	94	30 3	19.4	16.4	—	1.5	—	—	—	—
67	Gross-Steinheim	98	19.4	21.4	22.4	25.4	2.5	3.5	6.5	3.5	16.5
68	Viernheim	100	—	13.4	20.4	17.4	26.4	—	—	—	—
69	Richen	125	16.4	24.4	22.4	27.4	7.5	—	—	7.5	14.5
70	Alzey	160	—	21.4	—	21.4	4.5	4.5	—	3.5	—
71	Gross-Bieberau	162	10.4	18.4	20.4	22.4	2.5	—	7.5	6.5	10.5
72	Messel	167	14.4	25.4	24.4	24 4	—	29.4	5.5	6.5	21.5
73	Oberklingen	190	15.4	23.4	23.4	26.4	4.5	4.5	13.5	7.5	14.5
	Durchschnitt	**137**	**12.4**	**21.4**	**21.4**	**23.4**	**2.5**	**3.5**	**8.5**	**5.5**	**15.5**
74	Wembach	220	13.4	20.4	23 4	26.4	2.5	2.5	11.5	10.6	23.5
75	Dorf-Erbach	230	9.4	18.4	21.4	—	7.5	7.5	8.5	10.5	12.5
76	Kröckelbach	240	9.4	20.4	18.4	22.4	1.5	1 5	8.5	7.5	13.5
77	Gr.-Umstadt a	250	12.4	18.4	23.4	19.4	29.4	29.4	7.5	5.5	11.5
78	» » b	250	14.4	21.4	23.4	27.4	29.4	30.4	10.5	3.5	10.5
79	Heubach	270	11.4	17.4	24.4	23.4	3.5	3.5	7.5	5.5	15.5
80	Haisterbach	285	18.4	26.4	1.5	9.5	13.5	13.5	21.5	14.5	21.5
81	Waldmichelbach	360	13.4	18.4	20 4	23.4	30.4	30.4	—	3.5	11.5
82	Wahlen i. O.	360	19.4	28.4	1 5	3.5	9.5	10.5	17.5	14.5	21.5
	Durchschnitt	**274**	**18.4**	**21.4**	**24.4**	**27.4**	**4.5**	**4.5**	**11.5**	**11.5**	**15.5**
83	Bremhof	455	13.4	27.4	25.4	30.4	9.5	9.5	11.5	5.5	16.5
											Preuss.
84	Siegburg	60	12.4	22.4	21.4	21.4	4 5	4 5	9.5	7.5	16.5
85	Ahrweiler	100	10.4	16.4	19 4	25.4	2.5	2.5	6.5	7.5	17.5
86	Linz a. Rh.	122	13.4	19.4	20.4	20.4	2 5	6.5	10.5	11.5	17.5
87	Beurig	185	12.4	19.4	21.4	20.4	26.4	27.4	5.5	1.5	10 5
	Durchschnitt	**117**	**12.4**	**19.4**	**20.4**	**22.4**	**1.5**	**2.5**	**8.5**	**7.5**	**15.5**
88	St. Johann	220	14.4	19.4	19.4	25.4	30.4	4.5	12.5	7.5	16.5
89	Kyllburg	280	18.4	25.4	27.4	28.4	8.5	8.5	—	8.5	—
90	Stöckerhof	320	10.4	17.4	20.4	16.4	29.4	2.5	6.5	30.4	10.5
91	Hürtgen	390	14.4	27.4	25.4	2.5	10.5	11.5	18.5	20.5	27.5
	Durchschnitt	**303**	**14.4**	**22.4**	**23.4**	**25.4**	**4.5**	**6.5**	**12.5**	**9.5**	**18.5**

der Pflanzenbeobachtungen.

Erste Blüte							Erste Frucht		Erst-	Voll-	Vegetations-dauer	Spätherbst	Ordn.-Nr.
Schwarz-erle	Spitz-ahorn	Vogel-kirsche	Berg-ahorn	Kiefer	Sommer-linde	Winter-linde	Stieleiche	Trauben-eiche	Frühling	Frühling			

Starkenburg und Rheinhessen.

Schwarz-erle	Spitz-ahorn	Vogel-kirsche	Berg-ahorn	Kiefer	Sommer-linde	Winter-linde	Stieleiche	Trauben-eiche	Erst-Frühling	Voll-Frühling	Vegetations-dauer	Spätherbst	Ordn.-Nr.
—	—	18.4	—	—	14.6	—	—	—	17.4	—	162	26.9	66
20.3	—	19.4	—	21.5	25.6	—	15.9	—	24 4	12.5	162	3.10	67
—	—	16.4	—	17.5	—	—	—	—	17.4	—	—	—	68
20.3	20.4	21.4	—	—	—	—	—	—	24.4	11.5	173	14.10	69
—	15.4	—	5.5	—	14.6	—	—	—	25.4	4.5	170	12.10	70
16.3	12.4	15.4	30.4	17.5	20.6	24.6	—	—	18.4	8.5	178	13.10	71
—	—	24.4	—	—	—	—	—	—	23.4	11.5	166	6.10	72
22.3	—	20.4	—	17.5	22.6	26.6	18.9	18.9	25 4	13.5	168	10.10	73
20.3	**16.4**	**19.4**	**3.5**	**18.5**	**19.6**	**25.6**	**17.9**	—	**22.4**	**10.5**	**168**	**8.10**	
19.3	—	21.4	—	18.5	—	—	—	—	24.4	16.5	165	6.10	74
—	—	19.4	—	—	20.6	—	—	—	23.4	11.5	170	10.10	75
1.3	—	19.4	—	19.5	20.6	24.6	22.9	22.9	21.4	12.5	171	9.10	76
23.3	17.4	17.4	1.5	15.5	25.6	25 6	19.9	19.9	21.4	8.5	174	12.10	77
19.3	—	18.4	1.5	16.5	25.6	2.7	16.9	16.9	23.4	8.5	170	10.10	78
25.3	—	18.4	7.5	17.5	27.6	1.7	19.9	19.9	23.4	10.5	175	15.10	79
3.4	30.4	26.4	14.5	28.5	27.6	3.7	30.9	1.10	2.5	20.5	167	16.10	80
—	—	20.4	—	19.5	—	—	—	—	22.4	11.5	175	14.10	81
29.3	—	28.4	—	24.5	28.8	4.7	22.9	22.9	1.5	19.5	162	10.10	82
21.3	**24.4**	**21.4**	**6.5**	**20.5**	**25.6**	**30.6**	**21.9**	**22.9**	**24 4**	**13.5**	**170**	**11.10**	
23.3	—	26.4	—	19.5	—	—	2.10	3.10	28 4	13.5	171	16.10	83

Rheinprovinz.

Schwarz-erle	Spitz-ahorn	Vogel-kirsche	Berg-ahorn	Kiefer	Sommer-linde	Winter-linde	Stieleiche	Trauben-eiche	Erst-Frühling	Voll-Frühling	Vegetations-dauer	Spätherbst	Ordn.-Nr.
17.3	17.4	24.4	5.5	19.5	23.6	28.6	20.9	—	23.4	11.5	171	11.10	84
20.3	—	20.4	4.5	17.5	18.6	—	—	—	22.4	10.5	167	6.10	85
26.3	13.4	19.4	6.5	17.5	19.6	29.6	8.10	—	22.4	12.5	171	10.10	86
15.3	12 4	17.4	26.4	12 5	20.6	25.6	21.9	25.9	19.4	5.5	175	11.10	87
20.3	**14.4**	**20.4**	**3.5**	**16.5**	**20.6**	**27.6**	**26.9**	—	**22.4**	**10.5**	**171**	**10.10**	
29.3	17.4	19.4	2.5	19.5	21.6	29.6	28.9	2.10	22.4	11.5	171	10.10	88
27.3	—	26.4	10.5	25.5	28.6	—	—	—	29.4	14.5	162	8.10	89
22.3	21.4	17.4	4.5	12.5	18.6	24.6	16.9	—	20.4	6.5	171	8.10	90
19.3	29.4	28.4	11.5	31.5	28.6	30.6	22.10	22.10	30.4	21.5	171	18.10	91
24.8	**22.4**	**28.4**	**7.5**	**22.5**	**24 6**	**28.6**	**2 10**	**12 10**	**25.4**	**13.5**	**169**	**11.10**	

Anlage C. **Hauptübersicht**

Ordn.-Nr.	Station	Meereshöhe m	Blattoberfläche sichtbar								
			Lärche	Birke	Hain-buche	Buche	Stieleiche	Trauben-eiche	Tanne	Fichte	Kiefer
92	Kirchberg	400	20.4	27.4	3.5	2.5	11.5	12 5	20.5	16.5	27.5
93	Hüppelröttchen	420	10.4	22.4	25.4	21.4	4.5	7.5	11.5	7.5	15.5
94	Elzerath	465	20.4	23.4	26.4	27.4	4.5	5.5	13.5	11.5	18.5
95	Neupfalz	470	18.4	21.4	30.4	24.4	5.5	6.5	11.5	12.5	21.5
96	Hollerath	550	—	—	—	10.5	10.6	—	16.6	14.6	—
	Durchschnitt	**461**	**17.4**	**23.4**	**29.4**	**23.4**	**13.5**	**8.5**	**20.5**	**18.5**	**20.5**

Provinz

Ordn.-Nr.	Station	Meereshöhe m	Lärche	Birke	Hain-buche	Buche	Stieleiche	Trauben-eiche	Tanne	Fichte	Kiefer
97	Hohenholte	60	17.4	23.4	20.4	26.4	3.5	3.5	11.5	3.5	—
98	Sassenberg	60	—	5.5	—	7.5	12.5	—	—	16.5	21.5
99	Habichtswald	80	13.4	24.4	21.4	27.4	3.5	—	10 5	6.5	13.5
100	Ravensberg	200	16.4	26.4	27.4	27.4	6.5	7.5	20.5	18.5	28.5
	Durchschnitt	**100**	**15.4**	**27.4**	**23.4**	**29.4**	**6.5**	**5.5**	**14.5**	**11.5**	**21.5**
101	Minden	210	24.4	27.4	25.4	27.4	9.5	10.5	18.5	16.5	25.5
102	Obernkirchen	220	15.4	29.4	26.4	30.4	9.5	9.5	13.5	11.5	16.5
103	Wünnenberg	300	22.4	27.4	30.4	28.4	8.5	—	11.5	14.5	3.6
104	Neuenheerse	300	21.4	30.4	26.4	28 4	9.5	10.5	8.5	12.5	—
	Durchschnitt	**258**	**21.4**	**28.4**	**27.4**	**28.4**	**9.5**	**10.5**	**13.5**	**13.5**	**25.5**
105	Glindfeld	430	22.4	28.4	5.5	1.5	12.5	14.5	20.5	18.5	—
106	Lahnhof	610	—	7.5	11.5	5.5	20.5	—	—	23.5	—

Grossherzogtum Hessen;

Ordn.-Nr.	Station	Meereshöhe m	Lärche	Birke	Hain-buche	Buche	Stieleiche	Trauben-eiche	Tanne	Fichte	Kiefer
107	Bingenheim	120	13.4	18.4	18.4	24.4	4.5	—	7.5	3.5	15.5
108	Büdingen	136	8.4	15.4	—	19.4	27.4	28.4	—	28.4	—
109	Giessen	160	14.4	22.4	21.4	23.4	1.5	—	4.5	5.5	27.5
110	Ober-Rosbach	163	10.4	16.4	—	18.4	28.4	28.4	—	—	—
111	Lich	180	16.4	22.4	21.4	22.4	30.4	2.5	7.5	2.5	18.5
112	Lissberg	180	15.4	20.4	18.4	20.4	2.5	2.5	10.5	7.5	14.5
	Durchschnitt	**157**	**13.4**	**19.4**	**20.4**	**21.4**	**30.4**	**30.4**	**7.5**	**8.5**	**19.5**

der Pflanzenbeobachtungen.

Erste Blüte							Erste Frucht		Erst-Frühling	Voll-Frühling	Vegetations-dauer	Spätherbst	Ordn.-Nr.
Schwarz-erle	Spitz-ahorn	Vogel-kirsche	Berg-ahorn	Kiefer	Sommer-linde	Winter-linde	Stieleiche	Trauben-eiche	Frühling				
18.3	20.4	30.4	11.5	26.5	8.7	14.7	—	—	1.5	20.5	163	11.10	92
18.3	—	22.4	—	20.5	—	—	30.9	30.9	24.4	13.5	174	15.10	93
16.3	—	26.4	—	22.5	—	—	1.10	1.10	27.4	16 5	162	6.10	94
25.3	27.4	23.4	8 5	26.5	30.6	4.7	30.9	2.10	27.4	16.5	166	10.10	95
—	—	—	—	—	—	—	—	—	10.5	15.6	147	4.10	96
19.3	**24.4**	**25.4**	**10 5**	**24.5**	**4.7**	**9.7**	**30.9**	**1.10**	**30.4**	**16.5**	**162**	**9.10**	

Westfalen.

25.3	—	19.4	—	—	23.6	28.6	5.10	7.10	24.4	7.5	175	16.10	97
—	—	1.5	—	23.5	—	—	—	—	6.5	20.5	161	14.10	98
16.3	20.4	23.4	—	19.5	27.6	1.7	1.10	—	23 4	12.5	171	11.10	99
21.3	22.4	24.4	12.5	1.6	29.6	17.7	3.10	6.10	27.4	22.5	167	11.10	100
21.3	**21.4**	**24.4**	**—**	**24.5**	**26.6**	**5.7**	**3.10**	**7.10**	**27.4**	**15.5**	**169**	**13.10**	
18.3	17.4	26.4	10.5	25.5	23.6	5.7	29.9	30.9	28.4	19.5	166	11.10	101
28.3	20.4	29.4	6.5	23.5	26.6	5.7	9.10	9.10	28.4	14.5	167	12.10	102
28.3	22.4	28.4	14.5	2.6	7.7	18.7	—	—	28.4	21.5	166	11.10	103
28.3	28.4	29.4	6.5	22.5	30.6	2.7	2.10	5.10	30.4	12.5	164	11.10	104
26.3	**22.4**	**28.4**	**9.5**	**26 5**	**29.6**	**8.7**	**3.10**	**5.10**	**29.4**	**17.5**	**166**	**11.10**	
29.3	28.4	3.5	10.5	—	10.7	10.7	—	—	3.5	16.5	161	11.10	105
7.4	—	12.5	15.5	—	—	—	—	—	11.5	19.5	150	8.10	106

Prov. Oberhessen.

25.3	15.4	24.4	1.5	18.5	28.6	3.7	18.9	—	21.4	11 5	174	12.10	107
—	—	19.4	—	—	—	—	18.9	—	19.4	—	169	5.10	108
20.3	18.4	21.4	2.5	16 5	18.6	28.6	28.9	—	21.4	11.5	173	11.10	109
—	—	17.4	—	15.5	—	—	—	—	19.4	15.5	178	14.10	110
21.3	16.4	22.4	30.4	23.5	19.6	22.6	—	—	23.4	8.5	166	6 10	111
24.3	18.4	21.4	2.5	—	25.6	26.6	20.9	20.9	22.4	8.5	177	16.10	112
23.3	**17.4**	**21.4**	**1.5**	**18.5**	**23.6**	**27.6**	**21.9**	**—**	**21.4**	**11.5**	**173**	**11.10**	

Anlage C. **Hauptübersicht**

Ordn.-Nr.	Station	m Meereshöhe	Blattoberfläche sichtbar								
			Lärche	Birke	Hain-buche	Buche	Stieleiche	Trauben-eiche	Tanne	Fichte	Kiefer
113	Homberg a. O.	204	23.4	27.4	—	1.5	11.5	—	—	—	—
114	Hainbach	240	11.4	22.4	21.4	24.4	6.5	—	11.5	5.5	10 5
115	Finkenloch	260	10.4	19.4	19.4	19.4	30.4	30.4	6.5	2.5	7.5
116	Alsfeld	265	23.4	28.4	30.4	2.5	11.5	11 5	—	15.5	27.5
117	Schwickarts-hausen	271	10.4	23.4	20.4	28.4	7.5	8.5	17.5	11.5	16.5
118	Greifenhain	300	13.4	29.4	25.4	29.4	8.5	8.5	16.5	11.5	21.5
119	Wenings	350	—	—	—	25.4	30.4	—	—	—	—
120	Wahlen	350	20.4	26.4	3.5	29.4	11.5	12.5	—	16.5	29.5
121	Stockhausen	350	20.4	29.4	4.5	1.5	16.5	16.5	21 5	14.5	20.5
122	Gedern	370	16.4	29.4	27.4	25.4	6.5	7.5	14.5	8.5	19.5
123	Grebenau	380	15.4	30.4	7.5	7.5	—	15 5	27.5	17.5	2.6
	Durchschnitt	**304**	**16.4**	**26.4**	**27.4**	**28.4**	**8.5**	**10.5**	**16.5**	**11.5**	**20.5**
124	Grebenhain	450	25.4	—	3.5	27.4	15.5	17.5′	29.5	13.5	2.6
125	Rudingshain	600	—	—	—	7.5	—	—	—	—	—
	Durchschnitt	**525**	—	—	—	**2.5**	—	—	—	—	—

Provinz

Ordn.-Nr.	Station	m Meereshöhe	Lärche	Birke	Hain-buche	Buche	Stieleiche	Trauben-eiche	Tanne	Fichte	Kiefer
126	Wolfgang	120	10.4	20 4	19.4	20.4	28.4	28.4	7.5	2.5	11.5
127	Eltville	200	12.4	17.4	18.4	20.4	26.4	26.4	5.5	1.5	8 5
	Durchschnitt	**160**	**11 4**	**19.4**	**19.4**	**20.4**	**27.4**	**27.4**	**6.5**	**1.5**	**10.5**
128	Diez a. L.	250	16.4	22.4	25.4	26.4	3.5	6.5	11.5	8.5	21.5
129	Johannisburg	320	17.4	22.4	24.4	21.4	6.5	7.5	11.5	7.5	18.5
130	Alt-Morschen	350	18.4	24.4	25.4	26.4	10.5	10.5	9.5	6.5	14.5
131	Biedenkopf	400	17.4	26.4	4.5	25.4	8.5	8.5	19.5	16.5	25.5
	Durchschnitt	**330**	**17.4**	**24.4**	**27.4**	**25.4**	**7.5**	**8.5**	**18.5**	**9.5**	**19.5**
132	Frankenau	430	27.4	6.5	5.5	2.5	—	10.5	—	13.5	22.5
133	Flörsbach	440	18.4	24.4	27.4	29.4	7.5	8.5	12.5	14.5	23.5
134	Oberems	450	19.4	23.4	28.4	27.4	—	9.5	16.5	16.5	30.5
135	Hilders	500	25.4	4.5	28.4	30.4	—	15.5	20.5	15.5	21.5
136	Germerode	500	17.4	6.5	27.4	1.5	10.5	10.5	13.5	11.5	14.5
137	Driedorf	550	13.4	29.4	30.4	28.4	7.5	—	—	14.5	—
	Durchschnitt	**478**	**20.4**	**30.4**	**29.4**	**29.4**	**8.5**	**10.5**	**15.5**	**14.5**	**22.5**

der Pflanzenbeobachtungen.

Erste Blüte							Erste Frucht		Erst- Frühling	Voll- Frühling	Vegetationsdauer	Spätherbst	Ordn.-Nr.
Schwarzerle	Spitzahorn	Vogelkirsche	Bergahorn	Kiefer	Sommerlinde	Winterlinde	Stieleiche	Traubeneiche					
—	—	29.4	—	—	—	27.6	—	—	30.4	—	165	12.10	113
25.3	18.4	24.4	—	19.5	27.6	3.7	—	—	22.4	11.5	176	15.10	114
20.3	16.4	17.4	1.5	12.5	22.6	24.6	29.9	29.9	20.4	6.5	176	13.10	115
3.4	24.4	2.5	3.5	27.5	2.7	9.7	—	—	1.5	18.5	156	4.10	116
21.3	18.4	23.4	7.5	19.5	25.6	28.6	24.9	26.9	25.4	14.5	173	15.10	117
29.3	24.4	28.4	7.5	23.5	4.7	10.7	28.9	26.9	28.4	16.5	159	4.10	118
—	—	26.4	—	—	—	—	—	—	27.4	—	176	20.10	119
26.3	26.4	2.5	—	1.6	12.7	18.7	—	—	1.5	25.5	159	7.10	120
3.4	27·4	30.4	3.5	—	7.7	9.7	6.10	6.10	3.5	15.5	165	15.10	121
—	19.4	25.4	6.5	—	25.6	4.7	—	—	27.4	12.5	172	16.10	122
30.3	—	—	—	29.5	8.7	9.7	—	—	3.5	26.5	156	6.10	123
27.3	**22.4**	**27.4**	**5.5**	**23.5**	**1.7**	**5.7**	**29.9**	**29.9**	**28.4**	**16.5**	**167**	**12.10**	
2.4	20 4	3.5	8.5	—	10.7	14.7	13.10	13.10	3.5	21.5	160	10.10	124
8.4	—	1.5	—	—	—	—	—	—	4.5	—	160	11.10	125
5.4	—	**2.5**	—	—	—	—	—	—	**4.5**	—	**160**	**11.10**	

Hessen - Nassau.

Erste Blüte							Erste Frucht		Erst- Frühling	Voll- Frühling	Vegetationsdauer	Spätherbst	Ordn.-Nr.
Schwarzerle	Spitzahorn	Vogelkirsche	Bergahorn	Kiefer	Sommerlinde	Winterlinde	Stieleiche	Traubeneiche					
12.3	15.4	18.4	30.4	12.5	19.6	26.6	24.9	26.9	20.4	6.5	174	11.10	126
26.3	15.4	17.4	26.4	18.5	18.6	23.6	22.9	23.9	19.4	6.5	176	12.10	127
19.3	**15.4**	**17.4**	**28.4**	**15.5**	**19.6**	**25.6**	**23.9**	**25.9**	**19.4**	**6.5**	**175**	**11.10**	
1.4	21.4	23.4	1.5	22.5	25.6	25.6	16.10	—	25.4	11.5	171	13.10	128
27.3	22.4	24.4	—	26.5	27.6	—	28.9	30.9	25.4	16.5	178	20.10	129
—	—	26.4	5.5	18.5	—	5.7	—	—	28.4	10.5	172	17.10	130
1.4	23.4	27.4	12.5	24.5	—	—	—	—	29.4	19.5	160	6.10	131
30.3	**22.4**	**25.4**	**6.5**	**23.5**	**26.6**	**30.6**	**7.10**	—	**27.4**	**14.5**	**170**	**14.10**	
4.4	1.5	6.5	14.5	26.5	—	9.7	—	11.10	4.5	19.5	153	4.10	132
28.3	—	1.5	—	25.5	22.6	23.6	—	—	29.4	19.5	166	12.10	133
24.3	—	27.4	8.5	25.5	—	—	—	—	27.4	19.5	166	10.10	134
26.3	24.4	25.4	9.5	24.5	8.7	13.7	—	—	30.4	18.5	165	12.10	135
21.3	26.4	2.5	10.5	22.5	26.6	31.6	—	10.10	1.5	14.5	164	12.10	136
27.3	—	30.4	9.5	20.5	5.7	—	—	—	28.4	14.5	168	13.10	137
27.3	**27.4**	**30.4**	**10.5**	**24.5**	**30.6**	**4.7**	—	**11.10**	**30.4**	**17.5**	**164**	**11.10**	

Anlage C. **Hauptübersicht**

Ordn.-Nr.	Station	m Meereshöhe	Blattoberfläche sichtbar								
			Lärche	Birke	Hain-buche	Buche	Stieleiche	Trauben-eiche	Tanne	Fichte	Kiefer

T h ü -

Ordn.-Nr.	Station	m Meereshöhe	Lärche	Birke	Hain-buche	Buche	Stieleiche	Trauben-eiche	Tanne	Fichte	Kiefer
138	Weimar	210	19.4	25 4	27.4	29.4	7.5	7.5	17.5	12.5	19.5
139	Weissenburg	210	24.4	27.4	1.5	28.4	7.5	9.5	15 5	14.5	24 5
140	Ernsee	230	17.4	23.4	23.4	29.4	5.5	6.5	—	9.5	19.5
141	Tautenburg	250	16.4	25.4	22.4	29.4	6.5	—	11.5	8.5	16.5
142	Seega	250	19.4	24.4	25.4	25.4	4.5	4.5	13.5	11.5	23.5
143	Gera	250	20.4	25.4	29.4	30.4	10.5	—	19.5	18.5	5.6
144	Bebra b. Sondh.	260	—	21.4	23.4	22.4	3.5	—	—	—	—
145	Arnstadt	320	16.4	25.4	24.4	29.4	6.5	6.5	16.5	8.5	20.5
146	Heldburg	340	22.4	30.4	27.4	26.4	8 5	8.5	—	10.5	22 5
147	Frauensee	340	22.4	26.4	29 4	30.4	15 5	16 5	3.6	18 5	23.5
148	Saalburg	340	25 4	29.4	3.5	3.5	14.5	—	17.5	14.5	18.5
149	Oberspier	350	14.4	21.4	25.4	23.4	5.5	—	15.5	9.5	20.5
150	Rathsfeld	380	16.4	21.4	24.4	26.4	7.5	7.5	14.5	11.5	22.5
Durchschnitt		**287**	**19.4**	**25.4**	**26.4**	**30.4**	**7.5**	**8.5**	**17.5**	**12 5**	**22.5**
151	Pöllwitz	435	30 4	4.5	5.5	8.5	17.5	17.5	23.5	19.5	26 5
152	Lehmannsbrück	440	18.4	27.4	—	—	10.5	10.5	17.5	13.5	22.5
153	Heyda	445	24.4	1.5	—	8.5	—	20.5	—	—	—
154	Wilhelmsthal	470	20.4	23.4	23.4	26.4	7.5	9.5	12.5	9.5	21.5
155	Ernstthal	490	20.4	29.4	1.5	2.5	—	—	15.5	15.5	23.5
156	Heinrichsruh	510	22 4	27.4	27.4	24.4	14.5	—	17.5	15.5	—
157	Mürschnitz	560	1.5	28.4	—	27.4	—	—	16.5	17.5	19.5
Durchschnitt		**479**	**24.4**	**28.4**	**29.4**	**1.5**	**12.5**	**14.5**	**17.5**	**15.5**	**22.5**
158	Erbenhausen	620	27.4	4.5	7.5	5.5	18.5	25.5	1.6	18.5	27.5
159	Rodacherbrunn	682	26.4	—	—	2.5	—	—	21.5	22.5	—
160	Hasenthal	635	2.5	8.5	—	3.5	—	—	22.5	18.5	—
161	Neustadt a. R.	750	—	—	—	6.5	—	—	—	—	—
Durchschnitt		**672**	**28.4**	**6.5**	**—**	**4.5**	**—**	**—**	**25.5**	**19.5**	**—**

Preuss. Provinz

Ordn.-Nr.	Station	m Meereshöhe	Lärche	Birke	Hain-buche	Buche	Stieleiche	Trauben-eiche	Tanne	Fichte	Kiefer
162	Magdeburg	45	14.4	24.4	24.4	4.5	30.4	30.4	12.5	8.5	12.5
163	Rosenfeld	80	21.4	22.4	—	29.4	4.5	6.5	—	6.5	15.5
164	Clötze	80	19.4	24.4	26.4	1.5	6.5	6.5	12.5	9.5	17.5
165	Tornau	120	17.4	22.4	25.4	24.4	7.5	10.5	12.5	10.5	26.5
Durchschnitt		**81**	**18.4**	**23.4**	**19.4**	**30.4**	**4.5**	**8.5**	**12.5**	**8.5**	**18.5**

der Pflanzenbeobachtungen.

Erste Blüte							Erste Frucht		Erst-	Voll-	Vegetationsdauer	Spätherbst	Ordn.-Nr.
Schwarz-erle	Spitz-ahorn	Vogel-kirsche	Berg-ahorn	Kiefer	Sommer-linde	Winter-linde	Stieleiche	Trauben-eiche	Frühling				
ringen.													
29.3	21.4	27.4	6.5	23.5	27.6	4.7	28.9	28.9	28.4	15.5	169	14.10	138
23.3	26.4	28.4	10.5	27.5	26.6	1.7	26.9	28.9	30.4	18.5	160	7.10	139
24.3	21.4	27.4	8.5	23.5	2.7	6.7	22.9	22.9	27.4	15.5	169	13.10	140
23.3	19.4	24.4	3.5	20.5	28.6	30.6	29.9	—	24.4	12.5	172	13.10	141
—	19.4	25.4	4.5	23.5	23.6	29.6	1.10	1.10	26.4	15.5	172	15.10	142
20.3	21.4	27.4	9.5	20.5	—	29.6	—	—	27.4	20.5	173	17.10	143
—	23.4	—	—	—	—	—	—	—	24.4	—	166	7.10	144
22.3	19.4	25.4	6.5	23.3	25.6	29.6	26.9	26.9	26.4	15.5	173	16.10	145
24.3	23.4	2.5	8.5	25.5	1.7	8.7	1.10	—	29.4	16.5	167	13.10	146
11.3	27.4	23.4	—	27.5	29.6	7.7	13.10	14.10	1.5	26.5	165	13.10	147
6.4	27.4	4.5	11.5	25.5	2.7	9.7	—	—	2.5	17.5	164	13.10	148
20.3	27.4	29.4	—	27.5	29.6	4.7	—	—	25.4	18.5	166	8.10	149
—	19.4	23.4	6.5	25.5	28.6	7.7	—	—	25.4	16.5	169	11.10	150
23.3	**23.4**	**27.4**	**7.5**	**24.5**	**28.6**	**4.7**	**30.9**	**30.9**	**27.4**	**17.5**	**168**	**12.10**	
4.4	2.5	6.5	15.5	3.6	30.6	4.7	2.10	2.10	7.5	23.5	165	19.10	151
28.3	—	—	—	26.5	—	—	9.10	9.10	1.5	20.5	168	16.10	152
—	—	—	—	2.6	—	—	—	—	6.5	—	162	15.10	153
26.3	21.4	29.4	6.5	24.5	2.7	7.7	8.10	—	27.4	14.5	167	11.10	154
1.4	27.4	2.5	10.5	26.5	27.6	—	—	—	4.5	18.5	155	6.10	155
—	—	3.5	11.5	—	—	—	—	—	30.4	14.5	174	21.10	156
7.4	29.4	29.4	—	27.5	27.6	1.7	—	—	29.4	20.5	161	7.10	157
1.4	**27.4**	**2.5**	**11.5**	**28.5**	**29.6**	**4.7**	**6.10**	**6.10**	**2.5**	**18.5**	**165**	**14.10**	
5.4	4.5	5.5	15.5	2.6	5.7	19.7	—	—	8.5	25.5	155	10.10	158
10.4	27.4	5.5	—	—	8.7	—	—	—	30.4	21.5	157	4.10	159
—	9.5	7.5	—	—	—	—	—	—	6.5	20.5	147	30.9	160
—	—	—	—	—	—	—	—	—	6.5	—	157	10.10	161
8.4	**8.5**	**6.5**	—	—	**7.7**	—	—	—	**5.5**	**22.5**	**154**	**6.10**	

Sachsen.

Schwarz-erle	Spitz-ahorn	Vogel-kirsche	Berg-ahorn	Kiefer	Sommer-linde	Winter-linde	Stieleiche	Trauben-eiche	Erst-	Voll-	Vegetationsdauer	Spätherbst	Ordn.-Nr.
21.3	23.4	25.4	5.5	—	23.6	28.6	22.9	22.9	26.4	9.5	162	5.10	162
23.3	22.4	25.4	—	22.5	28.6	30.6	—	—	27.4	14.5	167	11.10	163
20.3	25.4	25.4	8.5	24.5	23.6	27.6	23.9	23.9	28.4	14.5	166	11.10	164
23.3	—	26.4	27.4	23.5	20.6	2.7	5.9	14.9	27.4	14.5	156	30.9	165
22.3	**23.4**	**25.4**	**3.5**	**23.5**	**24.6**	**29.6**	**17.9**	**20.9**	**27.4**	**13.5**	**163**	**7.10**	

Anlage C. **Hauptübersicht**

Ordn.-Nr.	Station	Meereshöhe m	Blattoberfläche sichtbar								
			Lärche	Birke	Hain-buche	Buche	Stieleiche	Trauben-eiche	Tanne	Fichte	Kiefer
166	Königsthal	200	20.4	26.4	24.4	28.4	9.5	9.5	19.5	17.5	22.5
167	Bliedungen (I)	215	20.4	25.4	24.4	27.4	8.5	8.5	19.5	18.5	22.5
168	Freyburg a. U.	210	20.4	25.4	26.4	27.4	9.5	10.5	15.5	17.5	18.5
169	Eichenberg	300	17.4	21.4	25.4	30.4	10.5	10.5	14.5	10.5	16.5
170	Friedrichsrode	350	2.5	3.5	8.5	3.5	21.5	23.5	5.6	27.5	12.6
171	Annarode	370	16.4	27.4	27.4	28.4	8.5	8.5	18.5	11.5	20.5
	Durchschnitt	**274**	**21.4**	**26.4**	**27.4**	**29.4**	**11.5**	**11.5**	**20.5**	**17.5**	**23.5**
172	Dietzhausen	450	20.4	29.4	29.4	30.4	10.5	10.5	19.5	14.5	19.5
173	Schwarza	450	23.4	26.4	4.5	27.4	—	10.5	—	20.5	25.5
174	Kühndorf	450	23.4	29.4	4.5	30.4	—	15.5	19.5	18.5	18.5
	Durchschnitt	**450**	**22.4**	**28.4**	**2.5**	**29.4**	**—**	**12.5**	**19.5**	**17.5**	**21.5**
175	Schmiedefeld	700	—	—	—	9.5	—	—	25.5	25.5	—

Herzogtum

Ordn.-Nr.	Station	Meereshöhe m	Lärche	Birke	Hain-buche	Buche	Stieleiche	Trauben-eiche	Tanne	Fichte	Kiefer
176	Riddagshausen	75	23.4	25.4	27.4	29.4	7.5	7.5	13.5	9.5	15.5
177	Marienthal	143	24.4	25.4	27.4	29.4	11.5	7.5	14.5	12.5	22.5
178	Scharfoldendor	170	16.4	—	22.4	25.4	3.5	—	—	5.5	—
179	Lichtenberg	190	11.4	24.4	—	22.4	1.5	—	—	—	—
	Durchschnitt	**145**	**19.4**	**25.4**	**25.4**	**26.4**	**6.5**	**7.5**	**14.5**	**9.5**	**19.5**
180	Harzburg	241	25.4	5.5	4.5	2.5	15.5	15.5	22.5	21.5	22.5
181	Heimburg	260	23.4	29.4	29.4	1.5	12.5	14.5	—	10.5	—
182	Walkenried	262	22.4	28.4	29.4	2.5	13.5	13.5	27.5	21.5	4.6
183	Allrode	390	4.5	9.5	11.5	6.5	24.5	25.5	27.5	26.5	15.6
184	Hasselfelde	400	25.4	6.5	11.5	5.5	17.5	22.5	24.5	21.5	—
	Durchschnitt	**283**	**26.4**	**8.5**	**5.5**	**8.5**	**16.5**	**18.5**	**25.5**	**20.5**	**8.6**
185	Todtenrode	422	—	3.5	8.5	4.5	12.5	12.5	—	16.5	—
186	Schiesshaus	435	21.4	25.4	—	28.4	11.5	6.5	—	23.5	—
187	Braunlage	565	29.4	—	—	5.5	—	—	—	14.5	—
188	Hohegeiss	590	—	—	—	—	—	—	—	—	—
	Durchschnitt	**503**	**25.4**	**29.4**	**8.5**	**2.5**	**12.5**	**9.5**	**—**	**18.5**	**—**

der Pflanzenbeobachtungen.

| Erste Blüte | | | | | | | Erste Frucht | | Erst- | Voll- | Vegetations-dauer | Spätherbst | Ordn.-Nr. |
Schwarz-erle	Spitz-ahorn	Vogel-kirsche	Berg-ahorn	Kiefer	Sommer-linde	Winter-linde	Stieleiche	Trauben-eiche	Frühling				
22.3	22.4	29.4	6.5	24.5	—	13.7	12.10	12.10	28.4	17.5	173	18.10	166
21.3	22.4	28.4	3.5	24.5	—	13.7	12.10	12.10	28.4	17.5	174	19.10	167
—	19.4	24.4	7.5	22.5	28.6	4.7	27.9	27.9	28.4	16.5	169	14.10	168
12.3	23.4	23.4	5.5	22.5	18.6	24.6	26.9	28.9	27.4	13.5	172	16.10	169
24.3	28.4	4.5	17.5	27.5	6.7	9.7	11.10	17.10	8.5	30.5	165	20.10	170
—	24.4	—	6.5	—	30.6	3.7	30.9	30.9	28.4	14.5	171	16.10	171
20.3	**23.4**	**28.4**	**7.5**	**24.5**	**28.6**	**6.7**	**5.10**	**4.10**	**30.4**	**18.5**	**171**	**17.10**	
30.3	21.4	1.5	6.5	25.5	5.7	9.7	—	—	30.4	17.5	157	4.10	172
28.3	28.4	2.5	—	—	—	—	—	—	30.4	23.5	163	10.10	173
—	—	29.4	10.5	—	25.6	—	—	—	2.5	16.5	161	10.10	174
29.3	**25.4**	**1.5**	**8.5**	—	**30.6**	—	—	—	**1.5**	**19.5**	**160**	**8.10**	
—	8.5	—	25.5	—	—	—	—	—	9.5	25.5	145	1.10	175

Braunschweig.

| Erste Blüte | | | | | | | Erste Frucht | | Erst- | Voll- | Vegetations-dauer | Spätherbst | Ordn.-Nr. |
Schwarz-erle	Spitz-ahorn	Vogel-kirsche	Berg-ahorn	Kiefer	Sommer-linde	Winter-linde	Stieleiche	Trauben-eiche	Frühling				
26.3	26.4	1.5	8.5	22.5	29.6	4.7	—	—	29.4	13.5	166	12.10	176
—	—	5.5	—	29.5	—	—	—	—	1.5	19.5	174	22.10	177
—	—	—	—	—	—	—	—	—	24.4	—	169	10.10	178
—	20.4	27.4	—	—	—	10.7	—	—	23.4	—	173	13.10	179
26.3	**23.4**	**1.5**	**8.5**	**26.5**	**29.6**	**7.7**	—	—	**27.4**	**16.5**	**170**	**14.10**	
20.3	1.5	4.5	11.5	—	23.6	—	26.9	26.9	5.5	19.5	159	11.10	180
27.3	25.4	28.4	7.5	—	—	—	—	—	1.5	9.5	162	10.10	181
7.4	3.5	6.5	12.5	6.6	7.7	10.7	—	—	3.5	27.5	159	9.10	182
—	7.5	16.5	15.5	—	16.7	—	—	—	14.5	28.5	141	2.10	183
—	3.5	5.5	18.5	—	16.7	—	—	—	8.5	21.5	152	7.10	184
28.3	**2.5**	**6.5**	**13.5**	**6.6**	**8.7**	**10.7**	**26.9**	**26.9**	**6.5**	**21.5**	**155**	**8.10**	
—	10.5	—	9.5	—	—	—	—	—	7.5	16.5	137	21.9	185
—	—	24.4	—	—	—	—	—	—	29.4	23.5	165	11.10	186
28.3	6.5	11.5	18.5	—	—	—	—	—	5.5	16.5	—	—	187
—	—	14.5	25.5	—	—	—	—	—	14.5	25.5	153	14.10	188
28.3	**8.5**	**6.5**	**18.5**	—	—	—	—	—	**6.5**	**20.5**	**152**	**5.10**	

Anlage C. **Hauptübersicht**

Ordn.-Nr.	Station	Meereshöhe m	Blattoberfläche sichtbar								
			Lärche	Birke	Hainbuche	Buche	Stieleiche	Traubeneiche	Tanne	Fichte	Kiefer
											Provinz
189	Schoo	3	28.4	5.5	7.5	5.5	14.5	—	14.5	14.5	25.5
190	Aurich	10	21.4	2.5	2.5	30.4	12.5	12.5	13.5	11.5	24.5
191	Lintzel	95	25.4	3.5	12.5	6.5	16.5	16.5	23.5	20.5	23.5
192	Saupark	100	15.4	25.4	24.4	20.4	1.5	1 5	10.5	9.5	27.5
193	Wardböhmen	120	25.4	2.5	1.5	3.5	13.5	—	23.5	20.5	22.5
	Durchschnitt	**66**	**23.4**	**1.5**	**3.5**	**1.5**	**11.5**	**10.5**	**17.5**	**15.5**	**24.5**
194	Escherode	380	22.4	—	—	1.5	—	8.5	16.5	15,5	—
195	Altenau	650	—	30.4	—	15.5	—	—	25.5	20.5	—
196	Sonnenberg	770	—	20.5	—	—	—	—	--	29.5	—
	Durchschnitt	**710**	**—**	**10.5**	**—**	**—**	**—**	**—**	**—**	**25.5**	**—**
											Provinz
197	Ulfshuus	30	27 4	5.5	—	5.5	19.5	—	20.5	19.5	—
198	Reinfeld	40	14.4	—	26.4	28.4	10.5	—	13.5	12.5	—
	Durchschnitt	**85**	**21.4**	**—**	**—**	**2.5**	**15.5**	**—**	**17.5**	**16.5**	**—**
											Provinz
199	Torgelow	10	23.4	2.5	1.5	7.5	11.5	15.5	20.5	18.5	26.5
200	Grammentin	55	19.4	29.4	26.4	1.5	10.5	10.5	—	—	—
201	Rothenfier	56	22.4	4.5	3.5	8.5	19.5	19.5	23.5	23.5	23.5
202	Pflanzgarten	80	26.4	25.4	28.4	26.4	16.5	16.5	11.5	6.5	12.5
203	Claushagen	180	1.5	2.5	2.5	3.5	14.5	—	—	—	22.5
	Durchschnitt	**76**	**24.4**	**30.4**	**30.4**	**3.5**	**14.5**	**15.5**	**18.5**	**16.5**	**21.5**
204	Zerrin	220	2.5	8.5	12.5	9.5	18.5	18.5	22.5	19.5	26.5
											Provinz
205	Rüthnick	30	14.4	28.4	1.5	—	12.5	14.5	—	15.5	21.5
206	Schönwalde	40	18.4	25.4	24.4	2.5	3.5	4.5	—	6.5	13.5
207	Eberswalde	40	21.4	26.4	25.4	6.5	11.5	14.5	18.5	13.5	24.5
208	Cappe	50	25.4	1.5	6.5	10.5	14.5	16.5	—	22.5	27.5
209	Dippmannsdorf	60	16.4	24.4	26.4	28.4	4.5	7.5	—	10.5	19.5
210	Woltersdorf	60	18.4	25.4	27.4	—	2.5	2.5	—	12.5	24.5
211	Neuhaus	100	19.4	27.4	27.4	30.4	12.5	14.5	18.5	13.5	19.5
	Durchschnitt	**54**	**19.4**	**27.4**	**28.4**	**3.5**	**8.5**	**10.5**	**18.5**	**13.5**	**21.5**

der Pflanzenbeobachtungen.

| Erste Blüte | | | | | | | Erste Frucht | | Erst- | Voll- | Vegetations-dauer | Spätherbst | Ordn.-Nr. |
Schwarz-erle	Spitz-ahorn	Vogel-kirsche	Berg-ahorn	Kiefer	Sommer-linde	Winter-linde	Stieleiche	Trauben-eiche	Frühling	Frühling			
Hannover.													
27.3	2.5	3.5	16.5	1.6	29.6	6.7	24.9	24.9	5.5	20.5	163	16.10	189
22.3	27.4	29.4	13.5	28.5	26.6	30.6	22.9	25.9	2.5	18.5	166	14.10	190
—	—	6.5	—	24.5	—	—	6.10	—	8.5	23.5	157	11.10	191
23.3	—	25.4	7.5	23.5	25.6	1.7	24.9	24.9	24.4	15.5	175	16.10	192
3.4	—	—	—	24.5	6.7	9.7	28.9	—	3.5	22.5	160	10.10	193
26.3	**30.4**	**1.5**	**12.5**	**26.5**	**29.6**	**4.7**	**27.9**	**24.9**	**2.5**	**20.5**	**164**	**13.10**	
—	—	29.4	—	—	—	—	—	—	30.4	16.5	162	9.10	194
7.4	2.5	10.5	13.5	—	9.7	12.7	—	—	7.5	19.5	149	3.10	195
—	—	--	24.5	—	—	—	—	—	20.5	27.5	142	9.10	196
—	—	—	**19.5**	—	—	—	—	—	**14.5**	**23.5**	**145**	**6.10**	
Schleswig - Holstein.													
24.3	7.5	13.5	16.5	—	11.7	—	3.10	—	7.5	18.5	161	15.10	197
19.3	28.4	2.5	—	—	6.7	—	—	—	28.4	13.5	171	16.10	198
22.3	**3.5**	**8.5**	—	—	**9.7**	—	—	—	**3.5**	**16.5**	**166**	**16.10**	
Pommern.													
26.3	28.4	3.5	16.5	26.5	29.6	6.7	26.9	29.9	4.5	21.5	163	14.10	199
19.3	19.4	30.4	9.5	24.5	4.7	10.7	23.9	—	29.4	17.5	172	17.10	200
27.3	29.4	8.5	—	31.5	3.7	9.7	2.10	—	6.5	25.5	159	12.10	201
26.3	30.4	25.4	14.5	16.5	23.6	26.6	16.9	16.9	2.5	12.5	164	13.10	202
8.4	2.5	5.5	—	—	—	—	—	—	4.5	—	166	17.10	203
27.3	**28.4**	**2.5**	**18.5**	**24.5**	**30.6**	**5.7**	**24.9**	**23.9**	**3.5**	**19.5**	**165**	**15.10**	
10.4	1.5	7.5	13.5	29.4	—	—	5.10	6.10	9.5	22.5	159	15.10	204
Brandenburg.													
21.3	17.4	26.4	—	20.5	22.6	27.6	23.9	25.9	29.4	19.5	164	10.10	205
17.3	—	23.4	—	21.5	28.6	1.7	28.9	29.9	27.4	13.5	173	17.10	206
27.3	24.4	28.4	—	23.5	24.6	1.7	20.9	20.9	1.5	·20.5	160	8.10	207
27.3	3.5	4.5	—	21.5	29.6	5.7	26.9	27.9	6 5	23.5	158	11.10	208
25.3	22.4	22.4	8.5	22.5	22.6	24.6	27.9	30.9	26.4	15.5	166	9.10	209
19.3	—	26.4	—	22.5	23.6	1.7	21.9	21.9	27.4	16.5	167	11.10	210
28.3	25.4	4.5	20.5	22.5	2.7	2.7	24.9	23.9	1.5	18.5	162	10.10	211
23.3	**24.4**	**28.4**	**14.5**	**22.5**	**26.6**	**30.6**	**24.9**	**25.9**	**30.4**	**18.5**	**164**	**11.10**	

Anlage C. **Hauptübersicht**

Ordn.-Nr.	Station	Meereshöhe m	Blattoberfläche sichtbar								
			Lärche	Birke	Hain-buche	Buche	Stieleiche	Trauben-eiche	Tanne	Fichte	Kiefer
											Provinz
212	Kottwitz	100	—	22.4	20.4	—	29.4	1.5	—	4.5	17.5
213	Rogelwitz	130	21.4	29.4	23.4	1.5	3.5	4.5	14.5	13.5	15.5
214	Klein-Briesen	130	19.4	27.4	1.5	—	4.5	8.5	—	16.5	—
215	Friedrichsthal	140	19.4	25.4	25.4	30.4	30.4	—	6.5	7.5	12.5
216	Althammer	150	24.4	30.4	29.4	7.5	8.5	—	17.5	16.5	21.5
217	Proskau I	160	17.4	22.4	22.4	4.5	4.5	5.5	12.5	7.5	18.5
218	Proskau II	160	20.4	21.4	24.4	3.5	4.5	5.5	14.5	9.5	20.5
	Durchschnitt	**140**	**20.4**	**25.4**	**25.4**	**3.5**	**3.5**	**5.5**	**13.5**	**10.5**	**17.5**
219	Paruschowitz	260	17.4	24.4	24.4	27.4	2.5	4.5	14.5	10.5	19.5
220	Nesselgrund	550	21.4	4.5	—	6.5	14.5	—	23.5	22.5	26.5
221	Carlsberg	690	6.5	18.5	—	17.5	—	—	28.5	22.5	2.6
222	Ullersdorf b. L.	700	30.4	6.5	—	10.5	19.5	—	23.5	22.5	24.5
	Durchschnitt	**695**	**3.5**	**12.5**	—	**14.5**	—	—	**26.5**	**22.5**	**28.5**
											Provinz
223	Lohhecken	90	17.4	25.4	—	—	4.5	11.5	—	11.5	16.5
224	Eichquast	90	23.4	26.4	—	—	9.5	11.5	15.5	16.5	27.5
225	Rosengrund	95	27.4	25.4	5.5	—	16.5	16.5	—	12.5	16.5
226	Mirau	95	22.4	30.4	—	10.5	10.5	—	14.5	14.5	15.5
227	Brätz	100	20.4	24.4	27.4	2.5	7.5	8.5	12.5	9.5	14.5
	Durchschnitt	**94**	**22.4**	**30.4**	**1.5**	**6.5**	**9.5**	**12.5**	**14.5**	**12.5**	**18.5**
											Provinz
228	Leszno	70	26.4	30.4	6.5	—	19.5	15.5	—	17.5	26.5
229	Oliva	100	19.4	2.5	5.5	9.5	18.5	17.5	24.5	16.5	25.5
230	Landeck	130	25.4	29.4	28.4	10.5	—	—	13.5	15.5	24.5
	Durchschnitt	**100**	**23.4**	**30.4**	**3.5**	**10.5**	**19.5**	**16.5**	**19.5**	**16.5**	**25.5**
231	Mirchau	220	29.4	7.5	7.5	10.5	21.5	20.5	—	24.5	31.5

der Pflanzenbeobachtungen.

	Erste Blüte						Erste Frucht		Erst- Frühling	Voll- Frühling	Vegetations-dauer	Spätherbst	Ordn.-Nr.
Schwarz-erle	Spitz-ahorn	Vogel-kirsche	Berg-ahorn	Kiefer	Sommer-linde	Winter-linde	Stieleiche	Trauben-eiche					

Schlesien.

Schwarzerle	Spitzahorn	Vogelkirsche	Bergahorn	Kiefer	Sommerlinde	Winterlinde	Stieleiche	Traubeneiche	Erst-	Voll-	Veg.-dauer	Spätherbst	Ordn.-Nr.
14.3	22.4	23.4	1.5	17.5	23.6	—	21.9	22.9	25.4	10.5	174	16.10	212
22.3	20.4	27.4	9.5	20.5	23.6	29.6	24.9	26.9	27.4	14.5	169	13.10	213
12.3	24.4	—	10.5	—	28.6	3.7	2.10	4.10	29.4	13.5	167	13.10	214
20.3	20.4	28.4	—	14.5	22.6	25.6	27.9	—	25.4	10.5	176	18.10	215
23.3	1.5	29.4	14.5	24.5	30.6	5.7	28.9	—	1.5	18.5	164	12.10	216
26.3	20.4	26.4	5.5	18.5	21.6	27.6	24.9	26.9	26.4	12.5	167	10.10	217
21.3	17.4	24.4	5.5	21.5	16.6	23.6	—	—	26.4	14.5	169	12.12	218
20.3	**22.4**	**26.4**	**7.5**	**19.5**	**24.6**	**29.6**	**26.9**	**27.9**	**27.4**	**13.5**	**169**	**13.10**	
25.3	21.4	28.4	5.5	21.5	23.6	3.7	—	—	26.4	14.5	171	14.10	219
—	4.5	3.5	12.5	28.5	9.7	18.7	—	—	4.5	22.5	163	14.10	220
—	15.5	18.5	25.5	7.6	1.8	1.8	—	—	15.5	29.5	142	4.10	221
9.4	5.5	7.5	22.5	4.6	10.7	17.7	—	—	8.5	25.5	152	7.10	222
—	**10.5**	**13.5**	**24.5**	**6.6**	**21.7**	**24.7**	—	—	**12.5**	**27.5**	**147**	**6.10**	

Posen.

Schwarzerle	Spitzahorn	Vogelkirsche	Bergahorn	Kiefer	Sommerlinde	Winterlinde	Stieleiche	Traubeneiche	Erst-	Voll-	Veg.-dauer	Spätherbst	Ordn.-Nr.
24.3	—	27.4	—	22.5	—	—	25.9	30.9	29.4	16.5	167	13.10	223
28.3	—	28.4	—	23.5	30.6	2.7	30.9	30.9	1.5	20.5	164	12.10	224
3.4	1.5	1.5	—	23.5	—	2.7	28.9	28.9	4.5	17.5	165	16.10	225
27.3	26.4	30.4	—	26.5	24.6	—	21.9	—	1.5	17.5	158	6.10	226
24.3	27.4	30.4	6.5	21.5	24.6	2.7	24.9	—	29.4	12.5	170	16.10	227
27.3	**28.4**	**29.4**	—	**23.5**	**26.6**	**2.7**	**26.9**	**29.9**	**1.5**	**16.5**	**165**	**13.10**	

Westpreussen.

Schwarzerle	Spitzahorn	Vogelkirsche	Bergahorn	Kiefer	Sommerlinde	Winterlinde	Stieleiche	Traubeneiche	Erst-	Voll-	Veg.-dauer	Spätherbst	Ordn.-Nr.
6.4	—	10.5	—	25.5	—	6.7	—	—	8.5	23.5	161	16.10	228
28.3	2.5	8.5	9.5	27.5	—	3.7	—	11.10	6.5	20.5	157	10.10	229
30.3	—	—	—	24.5	—	—	—	—	1.5	19.5	166	14.10	230
1.4	—	**9.6**	—	**25.5**	—	**5.7**	—	—	**5.5**	**21.5**	**161**	**13.10**	
11.4	6.5	13.5	—	4.6	13.7	19.7	29.9	29.9	10.5	30.5	150	7.10	231

Anlage C. **Hauptübersicht**

Ordn.-Nr.	Station	m Meereshöhe	Blattoberfläche sichtbar								
			Lärche	Birke	Hain-buche	Buche	Stieleiche	Trauben-eiche	Tanne	Fichte	Kiefer
											Provinz
232	Pfeil.	5	25.4	3.5	30.4	8.5	10.5	11.5	23.5	13.5	24.5
233	Neu-Sternberg	10	1.5	8·5	3.5	—	19.5	—	25.5	23.5	—
234	Ibenhorst	10	27.4	3.5	—	—	20.5	25.5	—	25.5	28.5
235	Dingken	15	29.4	7.5	9.5	—	11.5	—	—	20.5	28.5
236	Fritzen	30	25.4	29.4	8.5	19.5	23.5	—	23.5	26.5	30.5
237	Födersdorf	45	26.4	27.4	4.5	10.5	9.5	—	15.5	14.5	20.5
238	Brödlauken	50	24.4	—	4 5	13.5	17.5	22.5	—	22.5	—
239	Sadlowo	100	27.4	3.5	8.5	6.5	15.5	24.5	21.5	17.5	26.5
240	Rothebude	120	1.5	7.5	8.5	—	17.5	—	—	24.5	1.6
241	Kurwien	124	—	—	5.5	—	16.5	16.5	—	7.5	14.5
242	Ratzeburg	140	—	27.4	—	—	—	—	·—	15.5	22.5
Durchschnitt		59	27.4	3.5	5.5	11.5	16.5	20.5	21.5	19.5	21.5

Nachtrag zur Hauptübersicht

Königr. Bayern; Reg.-Bez. Ober

Nr.	Station	m	Lärche	Birke	Hain-buche	Buche	Stieleiche	Trauben-eiche	Tanne	Fichte	Kiefer
1	Burghausen	350	16.4	—	28.4	29.4	14.5	—	—	15.5	5.6
2	Tapfheim	485	18.4	—	—	4.5	—	—	—	—	—
3	Biberachzell	499	19.4	—	4.5	6.5	11.5	—	—	14.5	17.5
4	Kranzberg	507	15.4	—	3.5	—	12.5	—	12.5	11.5	10.6
5	Seeshaupt	554	30.4	—	—	3.5	18.5	—	—	16.5	—
Durchschnitt		511	20.4	—	3.5	4.5	14.5	—	—	14.5	28.5
6	Kirchdorf	642	23.4	—	—	29.4	—	—	17.5	12.5	16.5
7	Ramsau	666	30.4	—	—	9.5	—	—	26.5	24.5	—
8	Ottobeuren	707	17.4	—	—	6.5	—	18.5	22.5	16.5	18.5
Durchschnitt		672	23.4	—	—	5.5	—	—	22.5	17.5	17.5

Königr. Bayern; Reg.-Bez. Nieder

Nr.	Station	m	Lärche	Birke	Hain-buche	Buche	Stieleiche	Trauben-eiche	Tanne	Fichte	Kiefer
9	Rehschaln	330	10.4	—	—	2.4	4.5	3.5	—	—	—
10	Schottenhof	347	23.4	—	22.4	22.4	—	—	7.5	5.5	—
Durchschnitt		338	16.4	—	—	12.4	—	—	—	—	—
11	Erbendorf	459	22.4	—	—	5.5	—	—	29.5	27.5	7.6
12	Schwarzach	1002	24.4	—	—	29.4	—	—	16.5	17.5	—

der Pflanzenbeobachtungen.

Ostpreussen.

| Erste Blüte | | | | | | | Erste Frucht | | Frühling | | Vegetationsdauer | Spätherbst | Ordn.-Nr. |
Schwarz-erle	Spitz-ahorn	Vogel-kirsche	Berg-ahorn	Kiefer	Sommer-linde	Winter-linde	Stieleiche	Trauben-eiche	Erst-	Voll-			
1.4	1.5	7.5	9.5	28.5	5.7	7.7	25.9	27.9	4.5	19.5	169	20.10	232
27.3	3.5	12.5	—	—	—	9.7	—	—	8.5	24.5	155	10.10	233
12.4	8.5	12.5	—	3.6	—	12.7	26.9	3.10	11.5	29.5	151	9.10	234
4.4	5.5	16.5	—	1.6	—	2.7	28.9	—	8.5	26.5	149	4.10	235
28.3	3.5	16.5	—	4.6	—	11.7	29.9	—	9.5	28.5	162	18.10	236
2.4	3.5	9.5	—	24.5	—	15.7	24.9	—	4.5	18.5	163	14.10	237
2.4	1.5	6.5	—	—	—	10.7	29.9	3.10	8.9	—	149	4.10	238
14.4	9.5	12.5	12.5	28.5	9.7	13.7	—	—	9.5	21.5	153	9.10	239
11.4	4.5	9.5	—	6.6	—·	10.7	13.9	—	8.5	31.5	149	4.10	240
1.4	3.5	—	—	25.5	—	6.7	—	—	8.5	15.5	154	9.10	241
2.4	26.4	4.5	—	23.5	—	—	—	—	1.5	20.5	156	4.10	242
4.4	8.5	10.5	11.5	29.5	7.7	10.7	25.9	1.10	7.5	23.5	155	10.10	

der Pflanzenbeobachtungen.

bayern, Schwaben und Neuburg.

| Erste Blüte | | | | | | | Erste Frucht | | Frühling | | Vegetationsdauer | Spätherbst | Ordn.-Nr. |
Schwarz-erle	Spitz-ahorn	Vogel-kirsche	Berg-ahorn	Kiefer	Sommer-linde	Winter-linde	Stieleiche	Trauben-eiche	Erst-	Voll-			
—	—	—	—	24.5	12.6	—	7.10	—	29.4	25.5	—	—	1
—	—	—	—	—	—	—	—	—	26.4	—	—	—	2
14.4	—	—	—	14.5	—	—	1.10	—	2.5	15.5	—	—	3
—	—	—	—	25.5	—	—	24.9	—	30.4	22.5	—	—	4
—	11.5	—	—	—	—	—	8.10	—	8.5	16.5	—	—	5
—	—	—	—	19.5	—	—	1.10	—	1.5	17.5	—	—	
—	—	—	—	—	—	—	—	—	26.4	15.5	—	—	6
—	27.4	—	12.5	—	18.6	—	—	—	2.5	21.5	—	—	7
—	—	—	10.5	17.5	—	—	—	20.10	4.5	17.5	—	—	8
—	—	—	11.5	—	—	—	—	—	1.5	18.5	—	—	

bayern, Oberpfalz und Regensburg.

| Erste Blüte | | | | | | | Erste Frucht | | Frühling | | Vegetationsdauer | Spätherbst | Ordn.-Nr. |
Schwarz-erle	Spitz-ahorn	Vogel-kirsche	Berg-ahorn	Kiefer	Sommer-linde	Winter-linde	Stieleiche	Trauben-eiche	Erst-	Voll-			
28.4	3.5	—	3.5	2.5	—	—	1.10	1.10	22.4	3.5	—	—	9
—	26.4	—	26.4	—	—	—	—	—	23.4	3.5	—	—	10
—	29.4	—	29.4	—	—	—	—	—	22.4	3.5	—	—	
—	12.5	—	7.5	28.5	—	—	—	—	3.5	26.5	—	—	11
—	13.5	—	15.5	—	—	—	—	—	2.5	16.5	—	—	12

Anlage C. **Nachtrag zur Hauptübersicht**

Ordn.-Nr.	Station	Meereshöhe m	Lärche	Birke	Hain-buche	Buche	Stieleiche	Trauben-eiche	Tanne	Fichte	Kiefer
								Königr. Bayern; Reg.-Bez.			
13	Schnaittach	306	13.4	—	6.5	30.4	14.5	—	19.5	19.5	14.5
14	Bramberg	320	10.4	—	20.4	24.4	2.5	—	—	—	—
15	Kothen	352	16.4	—	29.4	2.5	—	—	23.5	22.5	25.5
16	Rothenbuch	382	13.4	—	25.4	24.4	—	6.5	—	18.5	—
	Durchschnitt	**340**	**13.4**	—	**27.4**	**27.4**	**8.5**	—	**21.5**	**20.5**	**19.5**
17	Grimmschwinden	438	12.4	—	2.5	1.5	8.5	10.5	14.5	17.5	29.5
18	Nordhalben	604	—	—	—	8.5	—	—	10.5	13.5	—
19	Bischofsgrün	679	—	—	—	15.5	—	—	24.5	23.5	—
	Durchschnitt	**642**	—	—	—	**11.5**	—	—	**17.5**	**18.5**	—
								Königr. Bayern;			
20	Scheibenhard	140	—	—	10.4	19.4	24.4	—	—	—	31.4
21	Erlenbrunn	440	—	—	26.4	2.5	—	—	—	—	—
22	Dannenfels	525	—	—	4.5	6.5	—	11.5	—	—	—
	Durchschnitt	**482**	—	—	**30.4**	**4.5**	—	—	—	—	—
								Königreich			
23	Pirna	120	11.4	18.4	17.4	1.5	13.5	14.5	—	12.5	—
24	Dresden-Neust.	125	6.4	18.4	—	3.5	30.4	—	—	—	22.5
	Durchschnitt	**122**	**8.4**	**18.4**	—	**2.5**	**7.5**	—	—	—	—
25	Altgeringswalde	240	16.4	21.4	25.4	26.4	7.5	7.5	—	11.5	—
26	Elstra	250	11.4	17.4	—	25.4	4.5	—	10.5	8.5	20.5
27	Oberrossau	340	22.4	30.4	—	30.4	—	—	—	—	—
28	Reichstein	350	22.4	25.4	2.5	30.4	12.5	—	17.5	16.5	28.5
29	Markersbach	377	27.4	24.4	29.4	5.5	—	15.5	17.5	14.5	19.5
30	Ebersbach	380	30.4	29.4	—	7.5	—	—	—	—	—
31	Plauen i. V.	400	18.4	20.4	26.4	5.5	7.5	9.5	18.5	14.5	16.6
32	Schönbrunn	400	22.4	28.4	3.5	1.5	—	16.5	18.5	16.5	28.5
	Durchschnitt	**342**	**21.4**	**24.4**	**29.4**	**1.5**	**7.5**	**12.5**	**16.5**	**18.5**	**28.5**

der Pflanzenbeobachtungen.

| Erste Blüte | | | | | | | Erste Frucht | | Erst- | Voll- | Vegetations-dauer | Spätherbst | Ordn.-Nr. |
Schwarz-erle	Spitz-ahorn	Vogel-kirsche	Berg-ahorn	Kiefer	Sommer-linde	Winter-linde	Stieleiche	Trauben-eiche	Frühling				
Ober-, Mittel- und Unterfranken.													
25.3	10.5	—	—	19.5	—	—	7.10	9.10	3.5	18.5	—	—	13
18.4	27.4	—	30.4	13.5	—	—	22.9	18.10	23.4	—	—	—	14
—	—	—	11.5	27.5	—	—	—	—	26.4	22.5	—	—	15
—	—	—	—	—	—	—	—	29.9	25.4	—	—	—	16
6.4	3.5	—	5.5	20.5	—	—	29.9	9.10	27.4	20.5	—	—	
20.3	—	—	—	24.5	—	—	6.10	17.10	1.5	21.5	—	—	17
—	—	—	19.5	—	26.6	—	—	—	8.5	14.5	—	—	18
—	—	—	22.5	—	25.6	—	—	—	15.5	23.5	—	—	19
—	—	—	20.5	—	25.6	—	—	—	11.5	18.5	—	—	
Reg.-Bez. Pfalz.													
1.4	—	—	—	8.5	—	—	—	—	17.4	20.5	—	—	20
—	—	—	—	23.5	—	—	—	—	29.4	—	—	—	21
—	7.5	—	12.5	—	7.7	—	—	11.10	7.5	—	—	—	22
—	—	—	—	—	—	—	—	—	3.5	—	—	—
Sachsen.													
23.3	16.4	20.4	—	—	22.6	29.6	—	—	29.4	—	170	16.10	23
—	—	20.4	—	—	24.6	2.7	22.9	—	21.4	—	179	17.10	24
—	—	20.4	—	—	23.6	30.6	—	—	25.4	—	174	16.10	
—	—	—	—	21.5	23.6	—	—	—	27.4	16.5	171	15.10	25
—	12.4	23.4	9.5	21.5	26.6	7.7	—	—	20.4	14.5	181	18.10	26
—	—	22.4	—	—	—	—	—	—	26.4	—	164	—	27
2.4	30.4	29.4	12.5	20.5	7.7	4.7	—	—	30.4	19.5	167	14.10	28
4.4	30.4	5.5	25.5	21.5	1.7	6.7	—	—	2.5	19.5	156	5.10	29
—	26.4	3.5	—	—	—	19.7	—	—	1.5	—	166	14.10	30
25.3	19.4	25.4	10.5	24.5	28.6	7.7	12.10	—	27.4	22.5	174	18.10	31
27.3	26.4	2.5	15.5	1.6	9.7	16.7	29.9	2.10	1.5	22.5	167	15.10	32
29.3	24.4	28.4	14.5	23.5	1.7	10.7	5.10	—	28.4	19.5	169	14.10	

Anlage C. **Nachtrag zur Hauptübersicht**

Ordn.-Nr.	Station	m Meereshöhe	Blattoberfläche sichtbar								
			Lärche	Birke	Hain-buche	Buche	Stieleiche	Trauben-eiche	Tanne	Fichte	Kiefer
33	Steinigt-wolmsdorf	420	17.4	24.4	—	25.4	12.5	12.5	13.5	11.5	18.5
34	Rosenthal	450	22.4	27.4	—	8.5	—	—	20.5	19.5	25.5
35	Neustadt	450	1.5	2.5	8.5	4.5	22.5	—	23.5	23.5	29.5
36	Pöhla	500	29.4	4.5	—	7.5	21.5	—	23.5	21.5	30.5
37	Reiboldsruhe	520	1.5	3.5	—	9.5	20.5	—	29.5	27.5	—
38	Hirschsprung	550	30.4	30.4	—	4.5	—	—	—	—	—
39	Zöblitz	580	28.4	29.4	4.5	29.4	10.5	—	—	—	—
	Durchschnitt	**496**	**27.4**	**30.4**	**6.5**	**4.5**	**17.5**	**—**	**22.5**	**20.5**	**25.5**
40	Olbernhau	620	23.4	2.5	—	4.5	16.5	15.5	23.5	18.5	28.5
41	Elterlein	625	28.4	—	8.5	17.5	—	—	26.5	23.5	—
42	Tannenbergsthal	690	26.4	11.5	—	10.5	20.5	—	25.5	23.5	16.6
43	Grossrückers-walde	700	1.5	1.5	—	3.5	15.5	21.5	25.5	—	—
44	Reitzenhain	770	29.4	5.5	—	8.5	—	—	—	19.5	27.5
	Durchschnitt	**681**	**27.4**	**5.5**	**—**	**8.5**	**17.5**	**18.5**	**25.5**	**21.5**	**4.6**
45	Oberwiesenthal	840	11.5	—	—	16.5	—	—	—	11.6	—

der Pflanzenbeobachtungen.

Erste Blüte							Erste Frucht		Erst-	Voll-	Vegetations-dauer	Spätherbst	Ordn.-Nr.
Schwarz-erle	Spitz-ahorn	Vogel-kirsche	Berg-ahorn	Kiefer	Sommer-linde	Winter-linde	Stieleiche	Trauben-eiche	Frühling				
3.4	—	4.5	9.5	23.5	7.7	10.7	—	—	1.5	15.5	164	12.10	33
—	—	2.5	—	28.5	5.7	—	—	—	30.4	23.5	168	15.10	34
29.3	1.5	10.5	15.5	29.5	—	20.7	—	—	7.5	24.5	150	4.10	35
26.3	2.5	6.5	18.5	—	—	—	—	—	6.5	23.5	163	16.10	36
—	—	—	—	—	—	—	—	—	8.5	28.5	163	18.10	37
—	—	13.5	—	—	—	—	—	—	4.5	—	—	—	38
23.3	4.5	9.5	10.5	—	—	—	—	—	3.5	—	166	16.10	39
28.3	2.5	7.5	13.5	27.5	6.7	15.7	—	—	4.5	23.5	162	13.10	
—	—	—	—	—	—	—	—	—	6.5	23.5	159	12.10	40
30.3	2.5	11.5	22.5	—	—	—	—	—	7.5	24.5	155	9.10	41
20.3	8.5	14.5	25.5	11.6	—	—	—	—	10.5	2.6	157	14.10	42
6.4	24.4	2.5	—	—	—	—	—	—	5.5	—	152	4.10	43
—	5.5	16.5	22.5	—	—	—	—	—	7.5	23.5	155	9.10	44
29.3	2.5	11.5	23.5	—	—	—	—	—	7.5	26.5	156	10.10	
—	—	—	28.5	—	—	—	—	—	13.5	4.6	155	15.10	45

Anlage D. Zusammenstellung der phänologischen

Stationen		Meereshöhe m	Erstfrühling				Vollfrühling				Vegetationsdauer			
			bis 100	100—200	200—300	300—400	bis 100	100—200	200—300	300—400	bis 100	100—200	200—300	300—400
			m über der Meeresfläche											
Rheingebiet.														
Hagenau	E.-L.	145	—	22.4	—	—	—	11.5	—	—	—	173	—	—
Diebolsheim	»	160	—	20.4	—	—	—	—	—	—	—	181	—	—
Eulenkopf	»	210	—	—	25.4	—	—	—	12.5	—	—	—	171	—
Banzenheim	»	222	—	—	22.4	—	—	—	12.5	—	—	—	170	—
Château-Salins	»	250	—	—	25.4	—	—	—	—	—	—	—	173	—
Sierck	»	250	—	—	23.4	—	—	—	12.5	—	—	—	170	—
Porcelette	»	290	—	—	20.4	—	—	—	8.5	—	—	—	176	—
Mombronn	»	340	—	—	—	22.4	—	—	—	—	—	—	—	188
Daumen	»	360	—	—	—	20.4	—	—	—	6.5	—	—	—	171
St. Leon	B.	110	—	19.4	—	—	—	10.5	—	—	—	173	—	—
Lahr	»	160	—	19.4	—	—	—	9.5	—	—	—	170	—	—
Kenzingen	»	180	—	21.4	—	—	—	9.5	—	—	—	172	—	—
Eppingen	»	210	—	—	21.4	—	—	—	9.5	—	—	—	174	—
Weinheim	»	250	—	—	19.4	—	—	—	5.5	—	—	—	172	—
Ettlingen	»	260	—	—	20.4	—	—	—	8.5	—	—	—	179	—
Gerlachsheim	»	290	—	—	24.4	—	—	—	16.5	—	—	—	174	—
Gengenbach	»	320	—	—	—	16.4	—	—	—	—	—	—	—	179
Baden-Baden	»	350	—	—	—	17.4	—	—	—	4.5	—	—	—	176
Lörrach	»	370	—	—	—	19.4	—	—	—	10.5	—	—	—	181
Freiburg	»	380	—	—	—	17.4	—	—	—	4.5	—	—	—	174
Waldkirch	»	400	—	—	—	23.4	—	—	—	7.5	—	—	—	175
Neuenstadt	Wbg.	250	—	—	21.4	—	—	—	10.5	—	—	—	170	—
Bietigheim	»	250	—	—	27.4	—	—	—	13.5	—	—	—	154	—
Öhringen	»	280	—	—	22.4	—	—	—	9.5	—	—	—	175	—
Winnenden	»	290	—	—	20.4	—	—	—	9.5	—	—	—	174	—
Niederstetten	»	310	—	—	—	27.4	—	—	—	14.5	—	—	—	169
Zaisersweiher	»	320	—	—	—	26.4	—	—	—	15.5	—	—	—	169
Güglingen	»	350	—	—	—	30.4	—	—	—	13.5	—	—	—	161
Mönchhof	S.-H.	94	17.4	—	—	—	—	—	—	—	162	—	—	—
Gr. Steinheim	»	98	24.4	—	—	—	12.5	—	—	—	162	—	—	—
Viernheim	»	100	17.4	—	—	—	—	—	—	—	—	—	—	—
Richen	»	125	—	24.4	—	—	—	11.5	—	—	—	173	—	—
Alzey	»	160	—	25.4	—	—	—	4.5	—	—	—	170	—	—
Gr. Bieberau	»	162	—	18.4	—	—	—	8.5	—	—	—	178	—	—

[1]) Jeder Station ist das Beobachtungsgebiet, zu dem sie gehört, in abgekürzter Bezeichnung beigefügt. So z. B. E.-L. = Elsass-Lothringen, B. = Baden, S.-H. = Südhessen, d. h. Prov. Starkenburg und Rheinhessen, P. S. = Provinz Sachsen u. s. w.

Jahreszeiten nach Flussgebieten und Gebirgen.

Stationen		Meereshöhe m	Erstfrühling				Vollfrühling				Vegetations-dauer			
			bis 100	100—200	200—300	300—400	bis 100	100—200	200—300	300—400	bis 100	100—200	200—300	300—400
			m über der Meeresfläche											
Messel	S.-H.	167	—	23.4	—	—	—	11.5	—	—	—	166	—	—
Oberklingen	»	190	—	25.4	—	—	—	13.5	—	—	—	168	—	—
Wembach	»	220	—	—	24.4	—	—	—	16.5	—	—	—	165	—
Dorf Erbach	»	230	—	—	23.4	—	—	—	11.5	—	—	—	170	—
Kröckelbach	»	240	—	—	21.4	—	—	—	12.5	—	—	—	171	—
Gr. Umstadt a	»	250	—	—	21.4	—	—	—	8.5	—	—	—	174	—
» » b	»	250	—	—	23.4	—	—	—	8.5	—	—	—	170	—
Heubach	»	270	—	—	23.4	—	—	—	10.5	—	—	—	175	—
Haisterbach	»	285	—	—	2.5	—	—	—	20.5	—	—	—	167	—
Waldmichelbach	»	360	—	—	—	22.4	—	—	—	11.5	—	—	—	175
Wahlen i. O.	»	360	—	—	—	1.5	—	—	—	19.5	—	—	—	162
Siegburg	Rh.	60	23.4	—	—	—	11.5	—	—	—	171	—	—	—
Ahrweiler	»	100	22.4	—	—	—	10.5	—	—	—	167	—	—	—
Linz a. Rh.	»	122	—	22.4	—	—	—	12.5	—	—	—	171	—	—
Beurig	»	185	—	19.4	—	—	—	5.5	—	—	—	175	—	—
St. Johann	»	220	—	—	22.4	—	—	—	11.5	—	—	—	171	—
Kyllburg	»	280	—	—	29.4	—	—	—	14.5	—	—	—	162	—
Stöckerhof	»	320	—	—	—	20.4	—	—	—	6.5	—	—	—	171
Hürtgen	»	390	—	—	—	30.4	—	—	—	21.5	—	—	—	171
Wolfgang	H.-N.	120	—	20.4	—	—	—	6.5	—	—	—	174	—	—
Eltville	»	200	—	19.4	—	—	—	6.5	—	—	—	176	—	—
Johannisburg	»	320	—	—	—	25.4	—	—	—	16.5	—	—	—	178
Diez a. L.	»	250	—	—	25.4	—	—	—	11.5	—	—	—	171	—
Biedenkopf	»	400	—	—	—	29.4	—	—	—	19.5	—	—	—	160
Bingenheim	O.-H.	120	—	21.4	—	—	—	11.5	—	—	—	174	—	—
Büdingen	»	136	—	19.4	—	—	—	—	—	—	—	169	—	—
Giessen	»	160	—	21.4	—	—	—	11.5	—	—	—	173	—	—
Ober-Rosbach	»	163	—	19.4	—	—	—	15.5	—	—	—	178	—	—
Lich	»	180	—	23.4	—	—	—	8.5	—	—	—	166	—	—
Lissberg	»	180	—	22.4	—	—	—	8.5	—	—	—	177	—	—
Homberg a. O.	»	204	—	—	30.4	—	—	—	—	—	—	—	165	—
Hainbach	»	240	—	—	22.4	—	—	—	11.5	—	—	—	176	—
Finkenloch	»	260	—	—	20.4	—	—	—	6.5	—	—	—	176	—
Schwickartshausen	»	271	—	—	25.4	—	—	—	14.5	—	—	—	173	—
Wenings	»	350	—	—	—	27.4	—	—	—	—	—	—	—	176
Wahlen	»	350	—	—	—	1.5	—	—	—	25.5	—	—	—	159
Gedern	»	370	—	—	—	27.4	—	—	—	12.5	—	—	—	172
Durchschnitt			**21.4**	**21.4**	**22.4**	**24.4**	**11.5**	**9.5**	**11.5**	**13.5**	**166**	**173**	**171**	**172**

Anlage D. **Zusammenstellung der phänologischen**

Stationen		Meereshöhe m	Erstfrühling				Vollfrühling				Vegetations-dauer			
			bis 100	100—200	200—300	300—400	bis 100	100—200	200—300	300—400	bis 100	100—200	200—300	300—400
			m über der Meeresfläche											
Ems- und Wesergebiet.														
Hohenholte	Wf.	60	24.4	—	—	—	7.5	—	—	—	175	—	—	—
Sassenberg	»	60	6.5	—	—	—	20.5	—	—	—	161	—	—	—
Habichtswald	»	80	23.4	—	—	—	12.5	—	—	—	171	—	—	—
Ravensberg	»	200	—	27.4	—	—	—	22.5	—	—	—	167	—	—
Minden	»	210	—	—	28.4	—	—	—	19.5	—	—	—	166	—
Obernkirchen	»	220	—	—	28.4	—	—	—	14.5	—	—	—	167	—
Wünnenberg	»	300	—	—	28.4	—	—	—	21.5	—	—	—	166	—
Neuenheerse	»	300	—	—	30.4	—	—	—	12.5	—	—	—	164	—
Alt-Morschen	H.-N.	350	—	—	—	28.4	—	—	—	10.5	—	—	—	172
Alsfeld	O.-H.	265	—	—	1.5	—	—	—	18.5	—	—	—	156	—
Greifenhain	»	300	—	—	28.4	—	—	—	16.5	—	—	—	159	—
Stockhausen	»	350	—	—	—	3.5	—	—	—	15.5	—	—	—	165
Grebenau	»	380	—	—	—	3.5	—	—	—	26.5	—	—	—	156
Frauensee	Th.	340	—	—	—	1.5	—	—	—	26.5	—	—	—	165
Riddagshausen	Br.	75	29.4	—	—	—	13.5	—	—	—	166	—	—	—
Marienthal	»	143	—	1.5	—	—	—	19.5	—	—	—	174	—	—
Scharfoldendorf	»	170	—	24.4	—	—	—	—	—	—	—	169	—	—
Lichtenberg	»	190	—	23.4	—	—	—	—	—	—	—	173	—	—
Harzburg	»	241	—	—	5.5	—	—	—	19.5	—	—	—	159	—
Schoo	Hann.	3	5.5	—	—	—	20.5	—	—	—	163	—	—	—
Aurich	»	10	2.5	—	—	—	18.5	—	—	—	166	—	—	—
Saupark	»	100	24.4	—	—	—	15.5	—	—	—	175	—	—	—
Wardböhmen	»	120	—	3.5	—	—	—	22.5	—	—	—	160	—	—
Escherode	»	380	—	—	—	30.4	—	—	—	16.5	—	—	—	162
Durchschnitt			29.4	28.4	30.4	1.5	15.5	21.5	17.5	19.5	168	169	162	164
Elbgebiet.														
Weimar	Th.	210	—	—	28.4	—	—	—	15.5	—	—	—	169	—
Weissenburg	»	210	—	—	30.4	—	—	—	18.5	—	—	—	160	—
Ernsee	»	230	—	—	27.4	—	—	—	15.5	—	—	—	169	—
Tautenburg	»	250	—	—	24.4	—	—	—	12.5	—	—	—	172	—
Seega	»	250	—	—	26.4	—	—	—	15.5	—	—	—	172	—
Gera	»	250	—	—	27.4	—	—	—	20.5	—	—	—	178	—
Bebra b. Sondh.	»	260	—	—	24.4	—	—	—	—	—	—	—	166	—
Arnstadt	»	320	—	—	—	26.4	—	—	—	15.5	—	—	—	173
Saalburg	»	340	—	—	—	2.5	—	—	—	17.5	—	—	—	164
Oberspier	»	350	—	—	—	25.4	—	—	—	18.5	—	—	—	166

Jahreszeiten nach Flussgebieten und Gebirgen.

Stationen		Meereshöhe m	Erstfrühling				Vorfrühling				Vegetationsdauer			
			bis 100	100—200	200—300	300—400	bis 100	100—200	200—300	300—400	bis 100	100—200	200—300	300—400
						m über der Meeresfläche								
Rathsfeld	Th.	380	—	—	—	25.4	—	—	—	16.5	—	—	—	169
Magdeburg	P. S.	45	26.4	—	—	—	9.5	—	—	—	162	—	—	—
Rosenfeld	»	80	27.4	—	—	—	14.5	—	—	—	167	—	—	—
Clötze	»	80	28.4	—	—	—	14.5	—	—	—	166	—	—	—
Tornau	»	120	—	27.4	—	—	—	14.5	—	—	—	156	—	—
Königsthal	»	200	—	28.4	—	—	—	17.5	—	—	—	173	—	—
Bliedungen	»	215	—	—	28.4	—	—	—	17.5	—	—	—	174	—
Freyburg a. U.	»	210	—	—	28.4	—	—	—	16.5	—	—	—	169	—
Eichenberg	»	300	—	—	27.4	—	—	—	13.5	—	—	—	172	—
Friedrichsrode	»	350	—	—	—	8.5	—	—	—	30.5	—	—	—	165
Annaroda	»	370	—	—	—	28.4	—	—	—	14.5	—	—	—	171
Heimburg	Br.	260	—	—	1.5	—	—	—	9.5	—	—	—	162	—
Walkenried	»	262	—	—	3.5	—	—	—	27.5	—	—	—	159	—
Hasselfelde	»	400	—	—	—	8.5	—	—	—	21.5	—	—	—	152
Allrode	»	390	—	—	—	14.5	—	—	—	28.5	—	—	—	141
Lintzel	Hann.	95	8.5	—	—	—	23.5	—	—	—	157	—	—	—
Reinfeld	S H.	40	28.4	—	—	—	13.5	—	—	—	171	—	—	—
Rüthnick	Brd.	30	29.4	—	—	—	19.5	—	—	—	164	—	—	—
Schönwalde	»	40	27.4	—	—	—	13.5	—	—	—	173	—	—	—
Cappe	»	50	6.5	—	—	—	23.5	—	—	—	158	—	—	—
Dippmannsdorf	»	60	26.4	—	—	—	15.5	—	—	—	166	—	—	—
Woltersdorf	»	100	27.4	—	—	—	16.5	—	—	—	167	—	—	—
Pirna	K. S.	120	—	29.4	—	—	—	—	—	—	—	170	—	—
Dresden	»	125	—	21.4	—	—	—	—	—	—	—	179	—	—
Altgeringswalde	»	240	—	—	27.4	—	—	—	16.5	—	—	—	171	—
Elstra	»	250	—	—	20.4	—	—	—	14.5	—	—	—	181	—
Oberrossau	»	340	—	—	—	26.4	—	—	—	—	—	—	—	164
Reichstein	»	350	—	—	—	30.4	—	—	—	19.5	—	—	—	167
Markersbach	»	377	—	—	—	2.5	—	—	—	19.5	—	—	—	156
Plauen i. V.	»	400	—	—	—	27.4	—	—	—	22.5	—	—	—	174
Schönbrunn	»	400	—	—	—	1.5	—	—	—	22.5	—	—	—	167
Durchschnitt			29.4	26.4	27.4	1.5	16.5	15.5	16.5	20.5	165	169	169	164

Anlage D. **Zusammenstellung der phänologischen**

Stationen		Meereshöhe m	Erstfrühling				Vollfrühling				Vegetationsdauer			
			bis 100	100—200	200—300	300—400	bis 100	100—200	200—300	300—400	bis 100	100—200	200—300	300—400
			m über der Meeresfläche											

Odergebiet.

Stationen		Meereshöhe m	E bis 100	E 100—200	E 200—300	E 300—400	V bis 100	V 100—200	V 200—300	V 300—400	Veg bis 100	Veg 100—200	Veg 200—300	Veg 300—400
Torgelow	Pm.	10	4.5	—	—	—	21.5	—	—	—	163	—	—	—
Grammentin	»	55	29.4	—	—	—	17.5	—	—	—	172	—	—	—
Rothenfier	»	56	6.5	—	—	—	25.5	—	—	—	159	—	—	—
Pflanzgarten	»	80	2.5	—	—	—	10.5	—	—	—	164	—	—	—
Claushagen	»	180	—	4.5	—	—	—	—	—	—	—	166	—	—
Eberswalde	Brd.	40	1.5	—	—	—	20.5	—	—	—	160	—	—	—
Neuhaus	»	100	1.5	—	—	—	18.5	—	—	—	162	—	—	—
Kottwitz	Schl.	100	25.4	—	—	—	10.5	—	—	—	174	—	—	—
Rogelwitz	»	130	—	27.4	—	—	—	14.5	—	—	—	169	—	—
Kl. Briesen	»	130	—	29.4	—	—	—	13.5	—	—	—	167	—	—
Friedrichsthal	»	140	—	25.4	—	—	—	10.5	—	—	—	176	—	—
Althammer	»	150	—	1.5	—	—	—	18.5	—	—	—	164	—	—
Proskau I.	»	160	—	26.4	—	—	—	12.5	—	—	—	167	—	—
» II.	»	160	—	26.4	—	—	—	14.5	—	—	—	169	—	—
Paruschowitz	»	260	—	—	26.4	—	—	—	14.5	—	—	—	171	—
Lohhecken	Pos.	90	29.4	—	—	—	16.5	—	—	—	167	—	—	—
Eichquast	»	90	1.5	—	—	—	20.4	—	—	—	164	—	—	—
Mirau	»	95	1.5	—	—	—	17.5	—	—	—	158	—	—	—
Brätz	»	100	29.4	—	—	—	12.5	—	—	—	170	—	—	—
Landeck	W. P.	130	—	1.5	—	—	—	19.5	—	—	—	166	—	—
Ebersbach	K. S.	380	—	—	—	1.5	—	—	—	—	—	—	—	166
Durchschnitt			1.5	29.4	26.4	1.5	17.5	14.5	14.5	—	165	168	171	166

Weichselgebiet nebst Pregel und Memel.

Stationen		Meereshöhe m	E bis 100	E 100—200	E 200—300	E 300—400	V bis 100	V 100—200	V 200—300	V 300—400	Veg bis 100	Veg 100—200	Veg 200—300	Veg 300—400
Zerrin	Pm.	220	—	—	9.5	—	—	—	22.5	—	—	—	159	—
Rosengrund	Pos.	95	4.5	—	—	—	17.5	—	—	—	165	—	—	—
Leszno	W.-P.	70	8.5	—	—	—	23.5	—	—	—	161	—	—	—
Oliva	»	100	6.5	—	—	—	20.5	—	—	—	157	—	—	—
Mirchau	»	220	—	—	10.5	—	—	—	30.5	—	—	—	150	—
Pfeil	O.-P.	5	4.5	—	—	—	19.5	—	—	—	169	—	—	—
Neu-Sternberg	»	10	8.5	—	—	—	24.5	—	—	—	155	—	—	—
Ibenhorst	»	10	11.5	—	—	—	29.5	—	—	—	151	—	—	—
Dingken	»	15	8.5	—	—	—	26.5	—	—	—	149	—	—	—
Fritzen	»	30	9.5	—	—	—	28.5	—	—	—	162	—	—	—
Födersdorf	»	45	4.5	—	—	—	18.5	—	—	—	163	—	—	—
Brödlauken	»	50	8.5	—	—	—	—	—	—	—	149	—	—	—

Jahreszeiten nach Flussgebieten und Gebirgen.

Stationen		Meereshöhe m	Erstfrühling				Vollfrühling				Vegetations-dauer			
			bis 100	100—200	200—300	300—400	bis 100	100—200	200—300	300—400	bis 100	100—200	200—300	300—400
			m über der Meeresfläche											
Sadlowo	O.-P.	100	—	9.5	—	—	—	21.5	—	—	—	153	—	—
Rothebude	»	120	—	8.5	—	—	—	31.5	—	—	—	149	—	—
Kurwien	»	124	—	8.5	—	—	—	15.5	—	—	—	154	—	—
Ratzeburg	»	140	—	1.5	—	—	—	20.5	—	—	—	156	—	—
Durchschnitt			7.5	6.5	9.5	—	23.5	22.5	26.5	—	158	153	154	—

Stationen		Meereshöhe m	Erstfrühling				Vollfrühling				Vegetations-dauer			
			300—400	400—500	500—600	600—750	300—400	400—500	500—600	600—750	300—400	400—500	500—600	600—750
			m über der Meeresfläche											

Donaugebiet.

Stationen		Meereshöhe m	300—400	400—500	500—600	600—750	300—400	400—500	500—600	600—750	300—400	400—500	500—600	600—750
Erbendorf	O.-Pf.	459	—	3.5	—	—	—	26.5	—	—	—	—	—	—
Rehschaln	N.-B.	330	22.4	—	—	—	3.5	—	—	—	—	—	—	—
Schottenhof	»	347	23.4	—	—	—	3.5	—	—	—	—	—	—	—
Burghausen	O.-B.	350	29.4	—	—	—	25.5	—	—	—	—	—	—	—
Kranzberg	»	507	—	—	30.4	—	—	—	22.5	—	—	—	—	—
Seeshaupt	»	554	—	—	8.5	—	—	—	16.5	—	—	—	—	—
Ramsau	»	642	—	—	—	2.5	—	—	—	21.5	—	—	—	—
Tapfheim	S. N.	485	—	26.4	—	—	—	—	—	—	—	—	—	—
Biberachzell	»	499	—	2.5	—	—	—	15.5	—	—	—	—	—	—
Kirchdorf	»	642	—	—	—	26.4	—	—	—	15.5	—	—	—	—
Ottobeuren	»	707	—	—	—	4.5	—	—	—	17.5	—	—	—	—
Geislingen	Wbg.	470	—	29.4	—	—	—	16.5	—	—	—	166	—	—
Heidenheim	»	490	—	1.5	—	—	—	20.5	—	—	—	163	—	—
Langenau	»	500	—	27.4	—	—	—	19.5	—	—	—	166	—	—
Dietenheim	»	510	—	—	2.5	—	—	—	—	—	—	—	162	—
Blaubeuren	»	600	—	—	2.5	—	—	—	18.5	—	—	—	160	—
Ochsenhausen	»	600	—	—	3.5	—	—	—	21.5	—	—	—	160	—
Tuttlingen	»	750	—	—	—	2.5	—	—	—	23.5	—	—	—	154
Justingen	»	700	—	—	—	5.5	—	—	—	19.5	—	—	—	151
Villingen	B.	710	—	—	—	9.5	—	—	—	25.5	—	—	—	148
Messkirch	»	700	—	—	—	7.5	—	—	—	23.5	—	—	—	155
Durchschnitt			25.4	30.4	3.5	4.5	10.5	19.5	19.5	20.5	—	165	161	152

Anlage D. **Zusammenstellung der phänologischen**

Stationen	Meereshöhe m	Erstfrühling				Vollfrühling				Vegetations-dauer			
		200—400	400—600	600—800	800—1000	200—400	400—600	600—800	800—1000	200—400	400—600	600—800	800—1000
		m über der Meeresfläche											
Schwarzwald.													
Ettlingen B.	260	20.4	—	—	—	8.5	—	—	—	179	—	—	—
Gengenbach »	320	16.4	—	—	—	—	—	—	—	179	—	—	—
Baden-Baden »	350	17.4	—	—	—	4.5	—	—	—	176	—	—	—
Lörrach »	370	19.4	—	—	—	10.5	—	—	—	181	—	—	—
Freiburg i. B. »	380	17.4	—	—	—	4.5	—	—	—	174	—	—	—
Waldkirch »	400	—	23.4	—	—	—	7.5	—	—	—	175	—	—
Thiengen »	450	—	22.4	—	—	—	11.5	—	—	—	174	—	—
Kandern »	500	—	21.4	—	—	—	9.5	—	—	—	175	—	—
Staufen »	700	—	—	24.4	—	—	—	11.5	—	—	—	173	—
Villingen »	710	—	—	9.5	—	—	—	25.5	—	—	—	148	—
St. Blasien »	800	—	—	4.5	—	—	—	—	—	—	—	165	—
Schönau i. W. »	900	—	—	—	30.4	—	—	—	14.5	—	—	—	162
Bonndorf »	900	—	—	—	8.5	—	—	—	27.5	—	—	—	153
Todtnau »	1000	—	—	—	30.4	—	—	—	18.5	—	—	—	161
Herrenalb Wbg.	550	—	26.4	—	—	—	12.5	—	—	—	168	—	—
Altensteig »	565	—	30.4	—	—	—	21.5	—	—	—	166	—	—
Langenbrand »	700	—	—	2.5	—	—	—	21.5	—	—	—	159	—
Schönmünzach »	700	—	—	3.5	—	—	—	25.5	—	—	—	168	—
Durchschnitt		18.4	24.4	2.5	3.5	6.5	12.5	20.5	20.5	178	172	163	159
Thüringer und Frankenwald, Fichtelgebirge und Voigtland.													
Weissenburg Th.	210	30.4	—	—	—	18.5	—	—	—	160	—	—	—
Arnstadt »	320	26.4	—	—	—	15.5	—	—	—	173	—	—	—
Frauensee »	340	1.5	—	—	—	26.5	—	—	—	165	—	—	—
Saalburg »	340	2.5	—	—	—	17.5	—	—	—	164	—	—	—
Pöllwitz »	435	—	7.5	—	—	—	23.5	—	—	—	165	—	—
Lehmannsbrück »	440	—	1.5	—	—	—	20.5	—	—	—	168	—	—
Heyda »	445	—	6.5	—	—	—	—	—	—	—	162	—	—
Wilhelmsthal »	470	—	27.4	—	—	—	14.5	—	—	—	167	—	—
Ernstthal »	490	—	4.5	—	—	—	18.5	—	—	—	155	—	—
Heinrichsruh »	510	—	30.4	—	—	—	14.5	—	—	—	174	—	—
Mürschnitz »	560	—	29.4	—	—	—	20.5	—	—	—	161	—	—
Rodacherbrunn »	682	—	—	30.4	—	—	—	21.5	—	—	—	157	—
Hasenthal »	635	—	—	6.5	—	—	—	20.5	—	—	—	147	—
Neustadt a. R. »	750	—	—	6.5	—	—	—	—	—	—	—	157	—
Dietzhausen P. S.	450	—	30.4	—	—	—	17.5	—	—	—	157	—	—
Schwarza »	450	—	30.4	—	—	—	23.5	—	—	—	163	—	—

Jahreszeiten nach Flussgebieten und Gebirgen.

Stationen		Meereshöhe m	Erstfrühling				Vollfrühling				Vegetations-dauer			
			200—400	400—600	600—800	800—1000	200—400	400—600	600—800	800—1000	200—400	400—600	600—800	800—1000
			m über der Meeresfläche.											
Kühndorf	P. S.	450	—	2.5	—	—	—	16.5	—	—	—	161	—	—
Schmiedefeld	»	700	—	—	9.5	—	—	—	25.5	—	—	—	145	—
Plauen	K. S.	400	27.4	—	—	—	22.5	—	—	—	174	—	—	—
Reiboldsruhe	»	520	—	8.5	—	—	—	28.5	—	—	—	163	—	—
Tannenbergsthal	»	690	—	—	10.5	—	—	—	2.6	—	—	—	157	—
Nordhalben	O.-F.	604	—	—	8.5	—	—	—	14.5	—	—	—	—	—
Bischofsgrün	»	679	—	—	15.5	—	—	—	23.5	—	—	—	—	—
Erbendorf	O.-Pf.	459	—	3.5	—	—	—	26.5	—	—	—	—	—	—
Durchschnitt			29.4	2.5	8.5	—	20.5	20.5	23.5	—	167	163	153	—

Harz.

Stationen		Meereshöhe m	Erstfrühling				Vollfrühling				Vegetations-dauer			
Annarode	P. S.	370	28.4	—	—	—	14.5	—	—	—	171	—	—	—
Altenau	Hann.	650	—	—	7.5	—	—	—	19.5	—	—	—	149	—
Sonnenberg	»	770	—	—	20.5	—	—	—	27.5	—	—	—	142	—
Harzburg	Br.	241	9.5	—	—	—	19.5	—	—	—	155	—	—	—
Heimburg	»	260	1.5	—	—	—	9.5	—	—	—	162	—	—	—
Walkenried	»	262	3.5	—	—	—	27.5	—	—	—	159	—	—	—
Hasselfelde	»	400	—	8.5	—	—	—	21.5	—	—	—	152	—	—
Allrode	»	390	14.5	—	—	—	28.5	—	—	—	131	—	—	—
Todtenrode	»	422	—	7.5	—	—	—	16.5	—	—	—	137	—	—
Braunlage	»	565	—	5.5	—	—	—	16.5	—	—	—	—	—	—
Hohegeiss	»	590	—	14.5	—	—	—	25.5	—	—	—	153	—	—
Durchschnitt			5.5	9.5	13.5	—	19.5	22.5	23.5	—	156	147	145	—

Anlage E. **Phänologische Charakteristik der einzelnen Jahre.**

Nr.	Station		m Meereshöhe	Erstfrühling in den Jahren										Durchschnitt
				1885	1886	1887	1888	1889	1890	1891	1892	1893	1894	
1	Hagenau	E.-L.*)	145	19.4	14.4	25.4	28.4	28.4	21.4	1.5	1.5	17.4	8.4	22.4
2	Kenzingen	B.	180	16.4	14.4	21.4	26.4	27.4	22.4	28.4	27.4	12.4	14.4	21.4
3	Öhringen	Wbg.	280	20.4	15.4	29.4	28.4	29.4	17.4	2.5	16.4	10.4	—	22.4
4	Grossbieberau	S.-H.	162	18.4	18.4	20.4	23.4	22.4	24.4	3.5	17.4	9.4	7.4	18.4
5	Linz a. Rh.	Rh.	122	20.4	17.4	29.4	30.4	30.4	15.4	3.5	23.4	10.4	8.4	22.4
6	Eltville	H.-N.	200	18.4	24.4	29.4	27.4	22.4	18.4	28.4	9.4	9.4	6.4	19.4
7	Wolfgang	»	120	21.4	24.4	27.4	27.4	29.4	13.4	30.4	13.4	5.4	10.4	20.4
8	Giessen	Ob.-H.	160	18.4	20.4	27.4	27.4	26.4	16.4	30.4	—	16.4	10.4	21.4
9	Minden	Wf.	210	25.4	26.4	25.4	26.4	26.4	27.4	9.5	—	4.5	28.4	28.4
10	Marienthal	Br.	143	25.4	26.4	24.4	12.5	6.5	1.5	5.5	11.5	—	15.4	1.5
11	Saupark	Hann.	100	22.4	22.4	29.4	6.5	2.5	26.4	3.5	26.4	16.4	10.4	24.4
12	Seega	Th.	250	24.4	26.4	30.4	6.5	3.5	24.4	25.4	5.5	14.4	9.4	26.4
13	Tornau	P.-S.	120	26.4	25.4	2.5	8.5	3.5	20.4	4.5	29.4	22.4	14.4	27.4
14	Reinfeld	S.-H.	40	18.4	27.4	7.5	15.5	4.5	28.4	7.5	29.4	22.4	14.4	28.4
15	Pflanzgarten	Pm.	80	—	3.5	3.5	7.5	7.5	25.4	5.5	22.4	2.5	—	2.5
16	Eberswalde	Brdb.	40	2.5	4.5	1.5	9.5	2.5	19.4	3.5	2.5	26.4	25.4	1.5
17	Rogelwitz	Schl.	130	24.4	23.4	28.4	1.5	1.5	16.4	5.5	4.5	1.5	24.4	27.4
18	Braetz	Pos.	100	28.4	23.4	3.5	5.5	2.5	20.4	5.5	30.4	3.5	21.4	29.4
19	Oliva	W.-P.	100	4.5	1.5	16.5	14.5	9.5	20.4	20.5	11.5	9.5	—	6.5
20	Sadlowo	O.-P.	100	9.5	10.5	10.5	17.5	7.5	25.4	13.5	16.5	21.5	24.4	9.5
1—8	Rheingebiet		—	19.4	18.4	26.4	27.4	27.4	18.4	1.5	19.4	11.4	9.4	21.4
9—11	Wesergebiet		—	24.4	25.4	26.4	5.5	1.5	28.4	6.5	4.5	25.4	18.4	28.4
12—14	Elbgebiet		—	23.4	26.4	3.5	10.5	3.5	24.4	2.5	1.5	19.4	12.4	27.4
15—18	Odergebiet		—	28.4	28.4	1.5	6.5	4.5	27.4	5.5	30.4	1.5	23.4	30.4
19—20	Weichselgebiet		—	7.5	6.5	13.5	16.5	8.5	23.4	17.5	14.5	15.5	24.4	8.5
9—18	Weser-, Elb- u. Oder-gebiet zusammen		—	25.4	26.4	30.4	7.5	3.5	26.4	4.5	2.5	25.4	18.4	28.4
	Gesamtdurchschnitt		—	26.4	27.4	2.5	7.5	3.5	24.4	6.5	2.5	26.4	17.4	29.4

*) Vgl. die Anmerkung zu Anlage D.

Anlage E. **Phänologische Charakteristik der einzelnen Jahre.**

Nr.	Station		m Meereshöhe	Vollfrühling in den Jahren										Durchschnitt
				1885	1886	1887	1888	1889	1890	1891	1892	1893	1894	
1	Hagenau	E.-L.	145	8.5	8.5	16.5	15.5	12.5	12.5	14.5	20.5	—	22.4	11.5
2	Kenzingen	B.	180	7.5	5.5	9.5	13.5	13.5	9.5	10.5	19.5	4.5	1.5	9.5
3	Öhringen	Wbg.	280	12.5	4.5	13.5	15.5	10.5	8.5	16.5	9.5	27.4	—	9.5
4	Grossbieberau	S.-H.	162	8.5	6.5	8.5	12.5	5.5	16.5	16.5	5.5	29.4	2.5	8.5
5	Linz a. Rh.	Rh.	122	8.5	7.5	20.5	22.5	13.5	9.5	18.5	21.5	8.5	27.4	12.5
6	Eltville	H.-N.	200	9.5	6.5	12.5	15.5	7.5	4.5	11.5	5.5	29.4	21.4	6.5
7	Wolfgang	»	120	5.5	8.5	13.5	10.5	11.5	6.5	11.5	6.5	1.5	19.4	6.5
8	Giessen	Ob.-H.	160	9.5	8.5	17.5	17.5	9.5	6.5	14.5	—	—	—	11.5
9	Minden	Wf.	210	21.5	21.5	22.5	18.5	18.5	13.5	23.5	—	14.5	—	19.5
10	Marienthal	Br.	143	18.5	25.5	19.5	28.5	11.5	9.5	12.5	28.5	—	17.5	19.5
11	Saupark	Hann.	100	13.5	13.5	20.5	23.5	13.5	13.5	19.5	22.5	9.5	6.5	15.5
12	Seega	Th.	250	18.5	19.5	27.5	25.5	18.5	15.5	15.5	26.5	10.5	27.4	15.5
13	Tornau	P.-S.	120	11.5	13.5	25.5	24.5	8.5	7.5	17.5	18.5	9.5	3.5	14.5
14	Reinfeld	S.-H.	40	8.5	14.5	19.5	20.5	8.5	14.5	19.5	20.5	10.5	4.5	13.5
15	Pflanzgarten	P.	80	—	14.5	19.5	25.5	17.5	9.5	12.5	9.5	12.5	—	12.5
16	Eberswalde	Brdb.	40	13.5	21.5	26.5	25.5	16.5	12.5	19.5	24.5	18.5	17.5	20.5
17	Rogelwitz	Schl.	130	10.5	13.5	15.5	17.5	11.5	7.5	15.5	19.5	18.5	7.5	14.5
18	Braetz	Pos.	100	25.5	15.5	23.5	17.5	11.5	5.5	17.5	11.5	10.5	7.5	12.5
19	Oliva	W.-P.	100	4.6	23.5	28.5	1.6	28.5	14.5	11.5	11.5	12.5	—	20.5
20	Sadlowo	O.-P.	100	24.5	22.5	24.5	27.5	17.5	5.5	22.5	28.5	2.6	11.5	21.5
1—8	Rheingebiet		—	8.5	7.5	13.5	15.5	10.5	9.5	14.5	12.5	1.5	25.4	9.5
9—11	Wesergebiet		—	17.5	20.5	20.5	23.5	14.5	12.5	18.5	25.5	11.5	11.5	17.5
12—14	Elbgebiet		—	12.5	15.5	24.5	23.5	11.5	12.5	17.5	21.5	10.5	1.5	15.5
15—18	Odergebiet		—	16.5	16.5	21.5	21 5	14.5	8.5	16.5	16.5	15.5	10.5	15.5
19—20	Weichselgebiet		—	29.5	23.5	26.5	29.5	22.5	10.5	17.5	20.5	22.5	11.5	21.5
9—18	Weser-, Elb- u. Odergebiet zusammen		—	15.5	17.5	22.5	22.5	13.5	11.5	17.5	21.5	12.5	7.5	16.5
	Gesamtdurchschnitt		—	16.5	16.5	21.5	22.5	14.5	10.5	16.5	19.5	12.5	6.5	15.5

Anlage E. **Phänologische Charakteristik der einzelnen Jahre.**

Nr.	Station		m Meereshöhe	Vegetationsdauer im Jahre										Durchschnitt
				1885	1886	1887	1888	1889	1890	1891	1892	1893	1894	
1	Hagenau	E.-L.	145	186	180	167	169	168	171	164	166	171	184	173
2	Kenzingen	B.	180	185	180	155	170	161	171	171	167	177	181	172
3	Öhringen	Wbg.	280	177	183	170	165	159	181	171	184	186	—	175
4	Grossbieberau	S.-H.	162	172	173	164	174	—	175	174	183	182	199	178
5	Linz a. Rh.	Rh.	122	169	171	169	170	166	177	156	179	180	175	171
6	Eltville	H.-N.	200	180	160	171	173	175	178	171	187	179	184	176
7	Wolfgang	»	120	169	166	162	169	165	184	166	188	185	184	174
8	Giessen	Ob.-H.	160	171	184	170	171	158	179	169	—	172	182	173
9	Minden	Wf.	210	158	162	166	164	173	173	161	—	169	169	166
10	Marienthal	Br.	143	177	182	182	162	159	168	180	174	—	182	174
11	Saupark	Hann.	100	169	176	176	166	153	169	175	179	187	183	175
12	Seega	Th.	250	174	175	169	166	154	173	—	159	197	183	172
13	Tornau	P.-S.	120	163	165	158	151	140	154	144	154	160	168	156
14	Reinfeld	S.-H.	40	—	180	156	155	150	168	172	—	182	185	170
15	Pflanzgarten	P.	80	—	160	162	159	162	171	165	176	166	—	165
16	Eberswalde	Brdb.	40	—	150	162	153	150	174	164	165	—	—	160
17	Rogelwitz	Schl.	130	168	181	164	162	151	174	159	170	173	178	168
18	Braetz	Pos.	100	173	178	169	166	171	183	164	170	159	168	170
19	Oliva	W.-P.	100	153	159	147	—	152	157	156	168	—	—	156
20	Sadlowo	O.-P.	100	150	152	152	145	154	165	149	145	141	171	152
1—8	Rheingebiet		—	176	175	166	170	165	177	168	179	179	184	174
9—11	Wesergebiet		—	168	173	175	164	162	170	172	176	178	178	172
12—14	Elbgebiet		—	169	173	161	157	148	165	158	157	180	179	166
15—18	Odergebiet		—	171	167	164	160	159	176	163	170	166	173	166
19—20	Weichselgebiet		—	152	156	150	145	153	161	153	157	141	171	154
9—18	Weser-, Elb- u. Oder-gebiet zusammen		—	169	171	167	160	156	170	164	168	175	177	168
	Gesamtdurchschnitt		—	167	169	168	159	157	170	168	168	169	177	166

Anlage F. **Übersicht der Waldsamen-Ergebnisse.**

Holzart	Jahr	Unterart	%-Verteilung der Samenernten				Verhältnis-zahl*)
			gut	mittel	gering	Null	
Eiche	1885		1	11	51	37	0.25
	1886		5	16	56	23	0.35
	1887	Stieleiche	1	3	40	56	0.16
		Traubeneiche	1	2	40	57	0.15
	1888	Stieleiche	10	14	55	21	0.37
		Traubeneiche	9	15	56	20	0.38
	1889	Stieleiche	2	5	31	62	0.15
		Traubeneiche	2	2	30	66	0.13
	1890	Stieleiche	1	6	40	53	0.18
		Traubeneiche	2	5	41	52	0.19
	1891	Stieleiche	1	1	38	60	0.15
		Traubeneiche	1	1	37	61	0.14
	1892	Stieleiche	33	30	31	6	0.63
		Traubeneiche	34	31	26	9	0.64
	1893	Stieleiche	11	24	52	13	0.44
		Traubeneiche	9	26	51	14	0.43
	1894	Stieleiche	—	3	54	43	0.20
		Traubeneiche	—	4	49	47	0.19
Durchschnitt			**7**	**11**	**43**	**39**	**0.29**
Buche	1885		2	2	18	78	0.09
	1886		1	8	45	46	0.21
	1887		—	1	13	86	0.05
	1888		77	15	8	—	0.90
	1889		1	—	8	91	0.04
	1890		8	7	43	42	0.27
	1891		—	—	5	95	0.02
	1892		1	2	28	69	0.11
	1893		18	31	42	9	0.53
	1894		4	8	44	44	0.24
Durchschnitt			**11**	**8**	**25**	**56**	**0.25**

*) Die „Verhältniszahl" ist aus den einzelnen (relativen) Stationsziffern des betr Jahres mittelst der Annahme abgeleitet, dass eine mittlere Ernte $= \frac{2}{3}$, eine geringe $= \frac{1}{3}$ der vollen (guten) Ernte sei. Z. B. für Stieleiche 1888:

$$0.10 + 0.14 \cdot \tfrac{2}{3} + 0.55 \cdot \tfrac{1}{3} = 0.10 + 0.09 + 0.18 = 0.37.$$

Anlage F. **Übersicht der Waldsamen-Ergebnisse.**

Holzart	Jahr	Unterart	%-Verteilung der Samenernten				Verhältniszahl
			gut	mittel	gering	Null	
Ahorn	1885		21	31	39	9	0.55
	1886		8	27	44	21	0.41
	1887	Bergahorn	11	18	47	24	0.39
		Spitzahorn	8	13	45	34	0.32
	1888	Bergahorn	46	37	12	5	0.75
		Spitzahorn	34	38	20	8	0.66
	1889	Bergahorn	2	7	40	51	0.20
		Spitzahorn	3	7	43	47	0.22
	1890	Bergahorn	15	35	30	20	0.48
		Spitzahorn	14	33	30	23	0.46
	1891	Bergahorn	4	24	33	39	0.31
		Spitzahorn	6	21	35	38	0.32
	1892	Bergahorn	10	27	34	29	0.39
		Spitzahorn	5	24	45	26	0.36
	1893	Bergahorn	15	47	27	11	0.55
		Spitzahorn	16	42	27	15	0.53
	1894	Bergahorn	16	45	25	14	0.54
		Spitzahorn	12	41	29	18	0.49
Durchschnitt			**14**	**29**	**33**	**24**	**0.44**
Esche	1885		31	29	25	15	0.59
	1886		9	24	42	25	0.39
	1887		23	25	30	22	0.50
	1888		20	40	29	11	0.56
	1889		5	12	32	51	0.24
	1890		10	28	36	26	0.41
	1891		26	31	24	19	0.55
	1892		5	21	31	43	0.29
	1893		31	34	27	8	0.63
	1894		20	28	36	16	0.51
Durchschnitt			**18**	**27**	**31**	**24**	**0.46**
Ulme oder Rüster	1885		8	24	33	35	0.35
	1886		19	24	34	23	0.46
	1887	Bergrüster	8	14	33	45	0.28
		Flatterrüster	13	11	25	51	0.29
	1888	Bergrüster	32	34	13	21	0.59
		Flatterrüster	26	34	26	14	0.57

Anlage F. **Übersicht der Waldsamen-Ergebnisse.**

Holzart	Jahr	Unterart	%·Verteilung der Samenernten				Verhältniszahl
			gut	mittel	gering	Null	
Ulme oder Rüster	1889	Bergrüster	2	18	35	45	0.26
		Flatterrüster	6	16	33	45	0.28
	1890	Bergrüster	15	22	27	36	0.39
		Flatterrüster	17	19	29	35	0.39
	1891	Bergrüster	11	6	27	56	0.24
		Flatterrüster	8	12	28	52	0.25
	1892	Bergrüster	12	27	25	36	0.38
		Flatterrüster	8	17	32	43	0.30
	1893	Bergrüster	29	34	18	19	0.58
		Flatterrüster	29	24	33	14	0.56
	1894	Bergrüster	9	30	28	33	0.38
		Flatterrüster	9	21	28	42	0.32
Durchschnitt			**15**	**21**	**28**	**36**	**0.38**
Hainbuche	1885		35	33	25	7	0.65
	1886		10	34	44	12	0 47
	1887		26	25	34	15	0.54
	1888		44	29	20	7	0.70
	1889		3	14	41	42	0.26
	1890		45	27	16	12	0.68
	1891		10	24	33	33	0.37
	1892		8	28	39	25	0.40
	1893		56	30	10	4	0.79
	1894		15	41	23	21	0.50
Durchschnitt			**25**	**29**	**28**	**18**	**0.54**
Birke	1885		12	45	37	6	0.54
	1886		23	46	27	4	0.63
	1887		12	30	32	26	0.43
	1888		33	37	24	6	0.66
	1889		12	25	34	29	0.40
	1890		13	39	32	16	0.50
	1891		8	24	39	29	0.37
	1892		14	37	28	21	0.48
	1893		36	42	20	2	0.71
	1894		24	44	26	6	0.62
Durchschnitt			**19**	**37**	**30**	**14**	**0.54**

Anlage F. **Übersicht der Waldsamen-Ergebnisse.**

Holzart	Jahr	Unterart	%-Verteilung der Samenernten				Verhältniszahl
			gut	mittel	gering	Null	
Schwarzerle	1885		—	—	—	—	—
	1886		12	45	39	4	0.55
	1887		9	29	38	24	0.41
	1888		25	41	27	7	0.61
	1889		8	36	34	22	0.43
	1890		17	40	29	14	0.53
	1891		7	28	37	28	0.38
	1892		12	37	33	18	0.48
	1893		22	42	31	5	0.60
	1894		16	40	34	10	0.54
Durchschnitt			**14**	**38**	**33**	**15**	**0.50**
Kiefer	1885		7	39	51	3	0.50
	1886		5	46	44	5	0.50
	1887		1	24	52	23	0.34
	1888		10	35	46	9	0.49
	1889		2	16	53	29	0.30
	1890		1	26	55	18	0.37
	1891		3	21	49	27	0.33
	1892		4	21	46	29	0.33
	1893		2	24	59	15	0.38
	1894		3	22	65	10	0.39
Durchschnitt			**4**	**27**	**52**	**17**	**0.39**
Fichte	1885		12	32	47	9	0.49
	1886		25	38	32	5	0.61
	1887		4	19	46	31	0.32
	1888		19	36	39	6	0.56
	1889		2	17	44	37	0.28
	1890		18	24	42	16	0.48
	1891		2	12	38	48	0.23
	1892		8	22	35	35	0.34
	1893		17	34	40	9	0.53
	1894		30	26	37	7	0.60
Durchschnitt			**14**	**26**	**40**	**20**	**0.45**

Anlage F. **Übersicht der Waldsamenergebnisse.**

Holzart	Jahr	Unterart	%-Verteilung der Samenernten				Verhältniszahl
			gut	mittel	gering	Null	
Weisstanne	1885		19	20	44	17	0.47
	1886		18	34	42	6	0.55
	1887		1	12	44	43	0.24
	1888		34	27	33	6	0.63
	1889		1	7	32	60	0.16
	1890		9	31	34	26	0.41
	1891		—	12	31	57	0.18
	1892		13	21	27	39	0.36
	1893		21	38	29	12	0.51
	1894		4	22	48	26	0.35
Durchschnitt			**12**	**23**	**36**	**29**	**0.39**
Lärche	1885		2	21	62	15	0.37
	1886		5	29	61	5	0.45
	1887		1	11	35	53	0.20
	1888		10	29	47	14	0.45
	1889		1	9	33	57	0.18
	1890		—	12	50	38	0.25
	1891		2	9	33	56	0.19
	1892		2	8	44	46	0.22
	1893		3	22	60	15	0.38
	1894		9	25	46	20	0.41
Durchschnitt			**4**	**17**	**47**	**32**	**0.31**
Weymouthskiefer	1885		—	—	—	—	—
	1886		—	—	—	—	—
	1887		—	10	24	66	0.15
	1888		24	31	33	12	0.56
	1889		—	11	30	59	0.17
	1890		5	26	31	38	0.33
	1891		1	12	25	62	0.17
	1892		5	20	33	42	0.29
	1893		4	19	56	21	0.35
	1894		9	15	42	34	0.33
Durchschnitt			**6**	**18**	**34**	**42**	**0.29**

Anlage G. **Zusammenstellung über das**

Jahre	Gastropacha pini		Liparis monacha		Dasychira pudibunda		Cnethocampa processionea		Pissodes notatus	
	zahlreich	mässig	zahlreich	mässig	zahlreich	mässig	zahlreich	mässig	zahlreich	müssig
					aufgetreten ist					
1885	—	3	6	—	—	—	1	—	6	5
1886	—	6	4	1	—	—	1	2	3	9
1887	5	19	3	11	4	10	4		7	13
1888	13	10	6	9	1	7	4	2	6	18
1889	**10**	**22**	12	23	—	13	**3**	**6**	12	24
1890	7	21	**12**	**24**	—	9	2	6	12	17
1891	—	24	14	20	1	7	—	7	**12**	**27**
1892	—	18	7	10	2	8	—	4	6	17
1893	—	5	5	10	**15**	**11**	—	2	3	15
1894	1	2	2	1	16	5	1	2	2	11
Summe	35	130	71	109	39	70	16	31	69	156
	165		180		109		47		225	

Anzahl der Beobachtungsorte*), an welchen

In % der Gesamtzahl:

	Gastropacha pini	Liparis monacha	Dasychira pudibunda	Cnethocampa processionea	Pissodes notatus
max.	12.4	14,7	11.6	3.5	16.8
mittel	6.8	7.4	4.5	1.9	9.3
min.	1.2	1.4	0.0	0.4	4.3

*) Die fett gedruckten Stationszahlen bezeichnen das absolute oder relative Maximum des Auftretens.

Auftreten forstschädlicher Insekten.

J a h r e	Melolontha vulgaris		Hylobius abietis		Bostrychus typographus		Hylesinus piniperda		Gesamtzahl der Beobachtungsorte
	zahl-reich	mässig	zahl-reich	mässig	zahl-reich	mässig	zahl-reich	mässig	
	Anzahl der Beobachtungsorte, an welchen aufgetreten ist								
1885	11	5	29	14	6	4	25	4	254
1886	22	24	39	11	8	13	19	11	244
1887	41	50	32	26	7	19	23	16	260
1888	15	61	39	22	6	22	21	19	260
1889	16	112	37	56	8	36	19	43	258
1890	33	97	35	46	7	35	21	39	245
1891	23	87	31	45	9	32	13	29	232
1892	22	52	23	26	4	20	13	21	233
1893	19	67	20	40	5	22	12	21	225
1894	13	29	24	14	4	12	12	10	219
Summe	215	584	309	300	64	215	178	213	2430
	799		609		279		391		
In % der Gesamtzahl max.	53.1		36.0		17.1		24.5		
mittel	32.9		25.1		11.5		16.1		
min.	6.3		16.9		3.9		10.0		

Anlage H.

Koordinatentafeln.

Zur Erläuterung.

In Tafel I sind als Abscissen die mittleren Meereshöhen der betr. Beobachtungsgebiete, als Ordinaten die durchschnittlichen Eintrittszeiten des Erst- und Vollfrühlings, bezw. die Längen des Vegetationszeitraums eingetragen. Nullchen und punktierte Linien bezeichnen die Tieflagen der verschiedenen Flussgebiete, wobei Weser, Elbe und Oder zusammengefasst sind; schwarze Punkte und ausgezogene Verbindungslinien die Gebirge.

Zu Tafel II: Abscissen sind die einzelnen Jahre des Beobachtungszeitraums, 1885 bis 1894; Ordinaten die mittleren Eintrittszeiten des Erst- und Vollfrühlings sowie die Längen der Vegetationsdauer, berechnet aus den Beobachtungen einiger ausgewählter Stationen, die den durchschnittlichen Charakter ihrer Landschaft bei 40 bis 280 m Meereshöhe repräsentieren.

Tafel III weist die nämlichen Abscissen wie Tafel II auf, als Ordinaten dagegen einerseits die »Verhältniszahlen« der Samenernte bei mehreren einzelnen Holzarten und bei gruppenweiser Zusammenfassung derselben; andererseits die (absolute) Anzahl derjenigen Stationen, an welchen die vier schädlichsten Forstinsekten-Arten in erheblicher Menge beobachtet worden sind.

Additional material to this book can be downloaded from http://extras.springer.com

ISBN 978-3-662-... is available at http://extras.springer.com